于丹说：**成长问题关键**在于自己给自己建立生命格局

# 逆袭

赢在格局  输在计较

墨　非◎编著

中国华侨出版社

**图书在版编目（CIP）数据**

逆袭 / 墨非编著. — 北京：中国华侨出版社，
2017.6

ISBN 978-7-5113-6846-1

Ⅰ. ①逆… Ⅱ. ①墨… Ⅲ. ①成功心理－青年读物
Ⅳ. ①B848.4-49

中国版本图书馆 CIP 数据核字（2017）第 130746 号

● 逆袭

编　　著 / 墨　非
责任编辑 / 文　蕾
责任校对 / 王京燕
装帧设计 / 环球互动
经　　销 / 新华书店
开　　本 / 710 毫米×1000 毫米 1/16　印张 /16　　字数 /200 千字
印　　刷 / 香河利华文化发展有限公司
版　　次 / 2017 年 8 月第 1 版　2017 年 8 月第 1 次印刷
书　　号 / ISBN 978-7-5113-6846-1
定　　价 / 36.80 元

中国华侨出版社　北京市朝阳区静安里 26 号通成达大厦 3 层　邮编：100028
法律顾问：陈鹰律师事务所　　　编辑部：（010）64443056　　64443979
发行部：（010）64443051　　　传　真：（010）64439708
网　址：www.oveaschin.com　　E-mail：oveaschin@sina.com

# 前言

　　是什么左右着人生的成败荣辱，是什么造就了万众瞩目的天之骄子？有人说是时势造就了英雄，是特殊的年代培养了卓越非凡的英才。这样想有一定的道理，但也不尽然，试想一下如果将你置身于一个风云际会的伟大时代，你能变成叱咤风云、风采卓然的大人物吗？那么人与人之间的差别究竟在哪里呢？

　　从本质上来讲，人与人并没有明显的差距。有的人能成就丰功伟业，有的人碌碌一生，造成两者天壤之别的，不是时代、机遇和环境背景，而是格局。衡量一个人是不是能成就大事，首先要看他心中是否有大格局，机遇、才能等因素都在其次。格局的构成要素包括：眼光、胸怀、胆识等。但凡心中有大格局者势必有犀利独特的眼光、宽广博大的胸怀和超越常人的胆识。成大事者必是有勇有谋、纵横捭阖的睿智人物，他们精于审局、布局，具有运筹帷幄、决胜千里的气度，因此才能从平庸的群体中脱颖而出，成为少数的出类拔萃者。

　　心中有大格局的人才有大发展，许多人之所以不成功，不是因为时运不济，而是因为败在小格局上。拥有小格局的人做事缺乏应有的胸怀和气魄，凡事斤斤计较，看待事物的眼光永远局限在狭隘的范围当中，自私自利、不知进取，不爱承担责任，索取总是比付出更多，且安于现状，缺乏容人容事的雅量，这样的人注定支配不了大格局，又怎么可能步步为营地实现伟大的理想和抱负呢？

正所谓成也格局败也格局，自古以来平庸者众成功者少，主要因为喜欢锱铢必较的人太多了，许多人就是毁在狭隘的斤斤计较上。无论在工作还是在生活中，人还是豁达一些，大气一些比较好，不要再计较那些不值一提的小事，而应把精力放在更有意义的大事上，为自己谋划出一个更大的人生格局来，成功就不会再那么遥不可及了。

常言道：格局如棋局，能不能下好人生这盘棋，关键不是看技巧，而是看你心中有没有大格局，懂不懂布局。格局大了，心胸便更宽广了，计较便少了，如此未来的天地便开阔了。一个人的输赢主要与格局有关，正所谓赢在格局、输在计较，努力扩大自己的格局，放下无谓的计较，你的人生将变得不可思议。

希望本书能陪伴广大读者朋友度过一段惬意的阅读时光，希望您阅读本书后，能对自己人生的格局有一个更加清醒的认识，能从格局意识中寻找到积极正向的力量，在未来的道路上越走越远，走出一条属于自己的康庄大道。

# 目录

2

# 第一章

# 缺乏格局意识，一切努力都是无用功

人们常说，一个人格局有多大成就就有多大。那么格局是怎样对人产生影响的呢？举例来说，只盯着地上的爬虫不放的鸡鸭是永远都不可能翱翔于白云之上的，只有满心满眼都装满了天地河山的雄鹰才能翻飞于云海之间。人亦如此，只有拥有大视野，胸怀大格局的人才能成就惊天伟业。许多优秀的人之所以没有做出成就，不是因为能力不济，而是败在格局小上。

格局小的人既没有大志，也没有使命感，目光短浅、视野狭窄，几乎把大部分精力都耗费在了毫无意义的鸡毛蒜皮上或者是蝇头小利的算计上，因为注意力没有聚焦在关键点上，所以无论怎么努力，做的都是无用功，一辈子是不可能有太大发展的。然而格局的大小不是固定不变的，只要你认清了自身的局限性，努力修炼自己，努力下好人生这盘棋，就有可能步步为营地放大人生的格局，进而改变自身的命运。

# 放大生命格局，你的人生将不可思议

有这样一句朴素但却富含哲理性的谚语："再大的烙饼也大不过它的锅。"意思是只要你有充足的面料，是可以烙出香喷喷的大饼的，可是你烙出的饼再大，也不可能超出那口锅的限制。其实我们所希冀的未来就像那张诱人的大饼一样，我们能不能得到孜孜以求的大饼，主要取决于那口限制它的锅，而那口锅就是我们的人生格局。

何为格局呢？格局指的是一个人对人生的战略布局，它的大小往往受到眼光、胸襟、胆识等各种因素的限制，通俗来说，就是受到"一口锅"的限制。拿生活中最浅显的现象举例：一个家庭妇女买了一件新衣服，习惯性地向邻居炫耀，当得知同款的衣服邻居少花了 20 块钱就买下了，便耿耿于怀数日，说明这个人的人生格局只值 20 块钱；一位初涉职场的菜鸟，薪资和上司相差数十倍，然而他却看不到这种差距，同事比他多赚 500 块钱他就忌妒得受不了，这种人大概一辈子只能在基层打工了；有三个建筑工人在同一个工地上砌墙，被问到在忙什么时，第一个工人没好气地说："没看到吗？我们在砌墙。"第二个工人面带微笑地说："我们现在在盖一栋大楼。"第三个工人豪情万丈地说："我们正在建设一座现代化新城。"十年后，第一个工人依旧是一个垒砖砌墙的工人，第二个工人成了一名优秀的工程师，而第三个工人成了一名坐拥千万资产的房地产开发商。

凡心中有大格局者，必然能高屋建瓴地以大视角切入人生，他们绝不会被偏狭的视野限制住，因此生命的格局才得以无限舒展。于丹说："成长问题的关键在于自己给自己建立生命的格局。"唯有拥有大格局者人生才有无限的可能。格局小的人常常一叶障目不见泰山，注定平庸一生，一辈子碌碌无为。

一颗石榴放到不同的格局里便有不同的结局：栽种在小小的花盆里，只能长到半米高；栽种在大缸里，高度便能超过一米；栽种到庭院里，即使没有亭亭如盖的气势，至少也能长到四五米高。人亦如此，你所设置的格局决定你最终的结局。小格局只能造就盆栽人生，唯有建立大格局，你的潜能才能无限滋长，你所得到的烙饼才能盖过你眼中所看到的整个世界。

孙正义出生在日本佐贺县鸟栖市的一间简陋的木板房里，那里人员混杂、经济落后，居民世代过着贫苦的生活。身为一个穷家的孩子，孙正义显得分外早熟，小小年纪就在思考改变人生命运的大事。

孙正义年少早慧，渴望用知识改变命运，19 岁那年便一个人远渡重洋，踏上了海外求学的旅程。他如愿来到了教育水平先进发达的美国，成为了比克利大学的一名留学生。留学期间，他偶然在杂志上看到了一张微型电脑的图面，立即被这个震撼而富有极简美的画面吸引住了，他想在不远的将来，微电脑一定能广泛进入人们的生活，它的普及和应用将彻底颠覆人们现有的生活方式，甚至完全改写人类历史。就像比尔·盖茨年轻时渴望改变世界一样，孙正义也产生了同样的想法，并且做出了同样的选择，在没有完成学业的情况下，他便迫不及待地回到了日本，开始了艰苦的创业。

创业之初，孙正义只有两名员工，因为他设想的愿景过于宏大，那两名员工把他看成了异想天开的疯子，不约而同地选择了辞职。后来他创建了软件银行，当时他没有资金，没有任何行业经验，在生意场上缺少合作伙伴，除了美好的愿景，他几乎一无所有。不过他始终坚信自己有能力为社会提供新技术，有朝一日他一定能利用电脑和互联网的力量，构建起一个规模宏大的商业帝国。经过几十年奋斗，孙正义终于实现了自己的梦想，一手打造了业务遍布全球的通信网络帝国。

自1994年上市以来，软件银行公司在日本、美国、欧洲拥有的独资或合资企业以及其他资产，估价已达到了400亿美金。孙正义虽然成了日本的首富，然而他本人却不是为了钱在奋斗，他说："当我回头看到底什么是最重要的呢？我一直不断地对自己重复，最重要的是精神：你得有激情帮助社会、帮助人们，这会给我们带来最好的结果，我们不是为了钱，也不是为了其他的东西。然后要有一个愿景，我的愿景就是跟电脑、互联网连在一起，它们会成为强有力的工具来帮助人们。"

著名催眠大师马修·史维曾经说过："你的格局一旦被放大之后，再也回不到原来的大小了。"如果你的格局只有一口小锅大小，你所能得到的只是暂时果腹的小饼而已，倘若你能以天下为锅，烙出一张无限延展的大饼，那么这张大饼无论如何都不可能像孙悟空的如意金箍棒那样缩小到原来的尺寸的。孙正义以天下为格局，改变了整个时代，也改变了世界。而他手下的两名员工不敢设想宏大的格局，所以注定也做不成什么大事。由此可见，成就大业最紧要的一步就是敢想敢做，敢于放大自己的生命格局。

# 世界如此广大，千万别"坐井观天"

如果把人生看成是一盘精心布置的棋局，那么格局的优劣就直接决定了人生的成败。格局是一种战略部署，也是一种气度和一种情怀。诸葛亮雄才大略，身在隆中时，提出了三分天下、三足鼎立的战略格局，体现的是一代杰出政治家的韬略和眼光；拿破仑横扫欧洲大陆，以气吞山河的气势改写了欧洲历史，体现的是一种纵横捭阖的气度；乔布斯立志改变世界，以其远见卓识和天才般的创造力颠覆了音乐、电影、手机、电脑等多个领域的产业，体现的是一种人文理念和美学情怀。

纵观人类历史，古今中外任何一个成就卓越的杰出人物，无一不是志存高远、胸怀天下的，正因为天下格局存乎一心，他们才有了运筹帷幄、决胜千里的能力和智慧，才有了非同凡响的人生。杰出和平庸的区别就在于格局的大小、境界的高低。格局不同，人的视野不同，看到的风景自然也不一样。孔子登东山而小鲁，登泰山而小天下，说明只有跳出小格局，才能拥有更广阔的视野，看到更辽阔的风光。

有时候我们之所以失败，不是因为能力不济，而是因为目光狭隘，成了井底之蛙，抬起头来只能看到巴掌大的一方天，想象不到世界究竟有多么大。其实我们所处的环境就是一口井，如果我们不能给自己找到更大的发展平台，见识和经验都会受到限制，未来的前景也将非常堪忧。假如我们只把工作单位当成安身立命的场所，而忽略了它所能提供给自己的学习和成长空间，那么我们的眼界永远都不会超过井口的宽度，终其一生，我们都不会有机会看到更辽远的天空。

其实对于广大年轻人而言，在进入职场的初期阶段，短期利益并不是那么重要的，我们不能把目光仅仅聚焦在薪资待遇上，而要看公司能给我们提供多大的平台，能给予我们多大的视野，能否给予我们一个光明的未来。

李嘉诚少年丧父，在遭遇家庭变故以后，不得不终止学业，提前步入社会。他的第一份工作是在一家钟表公司当学徒工，在当学徒的期间，他以超乎常人的毅力，每天坚持16个小时顽强自修，不仅手艺越来越精，还培养出了匠人精神。做了整整一年钟表匠之后，他离开了钟表店，在一家五金厂当起了推销员。刚刚入行时，李嘉诚的薪水并不多，他深知要想改变自己命运的格局，就必须让自己成为最出色最卓越的人，决不能把工作仅仅看成一份糊口的差事，而要把它当成一项事业来做，要不遗余力地拓展自己的事业空间，步步为营地实现长远目标。

奋斗在推销一线的李嘉诚并不看重短期利益，而是把自己的个人成长看得非常重要。通过销售这个平台，他对商业有了更多的认识，培养出了敏锐的商业眼光，并学会了怎样跟不同类型的人打交道，这一切都为他日后的创业打下了坚实的基础。后来李嘉诚白手起家，创办了自己的公司，几经打拼，终于创造出了庞大的地产帝国，自己也成为了最富传奇色彩的华人商业领袖。

在规划人生格局时，我们不能表现得太过短视，不要过分计较眼前利益，而要学会为自己的长远目标打算。时刻要问自己：自己能给公司带来什么，自己又能从公司那里得到什么？不少人抱着"做什么工作无所谓，进什么公司无所谓，只要能赚到大钱就可以"的心态求职择业，这是非常不可取的，因为一家公司若是只能给你提供丰厚的薪水却不能给你一个宏伟的愿景，那么你的前途就有可能葬送在有限的薪水上。

当然只有宏伟的愿景是不够的，因为它可能只是一个华丽的空中楼阁，并不能给你带来实际的收益，那么该怎么选择才是正确的呢？对此李开复建议："你应该找一个公司，它不是要压榨你的劳力，希望你马上给它赚钱，而是会给你足够的培训、学习、成长的空间。"当初李嘉诚是这么做的，做钟表学徒时，他培养出了匠人精神，做销售员时，他学到了让自己受益终身的东西，迅速成长成熟起来了，为自己日后的事业赢得了更大的拓展空间。

面对当今严峻的就业形势，如果你有主动选择的机会，一定要好好把握和珍惜。可有时候在"高不成，低不就"时，许多人迫于压力可能会先就业后择业，若干年后，部分人成功跳出了最初的那口小井，找到了更广阔的天地，但更多的人不可避免地被第一口井束缚住了，沦落成了井底之蛙，除了每天坐井观天以外，似乎也找不到其他乐趣了，更不可能奢望看到无限辽阔的壮美风景了。

暂时成为井底之蛙，有时是迫于无奈，不过只要你的内心不那么狭隘，是完全有可能跳出束缚命运的那口水井的。李嘉诚的打工经历就是一个活生生的例子，最初他只是一个普普通通的小人物，但是他并没有被身份和工作束缚住，心中依然有一个天下，所以他最后跳出了那口小井，成就了自己的精彩人生。

## 勇于开拓进取，才能收获更多

对于绝大多数普通人而言，工作就是饭碗，所以找工作被看成是找饭碗，似乎工作最大的价值就是为人们提供一张长期饭票。如此看待人生格局，又怎么可能成功摆脱平庸的生命状态呢？

诚然，没有报酬的工作是不值得做的，毕竟谁也不是植物，不能通过光合作用生成生命的养料，饭碗是我们赖以生存的基础，但是只为薪水而工作的人是不可能有太大成就的。这就好比吃饭是为了活着，而活着不仅仅是为了吃饭一样。工作之于职场人士，绝不是"铁饭碗"那么简单，你努力奋斗的目的不该局限于生计和钞票。为生计而操劳奔波，一辈子都将疲于奔命，为谋生而工作，你最大的成就也不过是勉强糊口而已。只有树立更高远的目标，有更高的追求，你才能成就一番事业，顺便得到一只"金饭碗"。

有些人为了得到更好的饭碗频繁地换工作，自以为这样布局，就可以把铁碗换成银碗、金碗，殊不知如果你看不到饭碗以外的东西，你手里的碗永远只是一种只能装一碗饭的容器而已，不可能再有额外的附加值。事实上，任何一个领域的翘楚人物之所以能力压群雄，皆是因为他们是谋天下而不是谋饭碗的。著名银行家克里斯年轻时曾经做过交易所职员、木料公司统计员、收账员、出纳员等工作，在回顾自己的职业生涯时，他说："一个人可以有不同的途径抵达目的地。如果我仅仅为了每周多赚几块钱就盲目换工作，那么我就会为现在的选择牺牲未来的发展前途……"无论何时何地，克里斯都把每一份工作当成一项事业来做，而不是把它仅仅看成能糊口的饭碗，正是因为有这样的眼光和想法，他在布置人生格局时才始终高人一筹，他的成就才能超越于常人之上。由此可见，谋天下者才能得天下，"找碗族"只能勉强吃饱而已，通常是端不到"金饭碗"的。

34岁的顾先生，尽管毕业于名校，并顺利拿下了硕士学位证书，但却胸无大志，只求找到一份能让自己温饱的工作。刚毕业时，他在一家房地产公司做内勤，每天负责处理一些杂事琐事，这份工作虽然没有什么晋升空间，也没有什么发展前景，他却感到十分满意，原因就在于工作清闲，没有什么压力，可以让他过上按部就班、定期领口粮的日子。顾先生每天按点上班、按点下班，一直过着安逸逍遥的日子，他本以为自己的一生有可能就这样度过了，没想到建立家庭以后，他才发现一切没有那么简单，自己不能再浑浑噩噩混日子了。

结婚之前，顾先生是一人吃饱全家不饿，有了家室就不一样了，他得照顾更多的嘴，谋求更大的饭碗。为了肩负起这个责任，顾先生离开了房地产公司，来到一家商贸企业做起了业务员。虽然根据薪酬制度，员工所拿的提成和销售额是成正比的，可这对于顾先生来说一点吸引力都没有，他想只要所得的工资只要能维持一家人的基本开销就可以了，没有必要让自己活得太辛苦。眼看着同事一个个拿到了高额提成和巨额奖金，顾先生一点也不着急，他继续悠哉乐哉地按照自己的节拍生活，日子过得一直紧巴巴的，所得的报酬仅仅够维持一家人的温饱，平时妻子连一件新衣都舍不得买，他自己一双旧皮鞋也能穿好几年，儿子想学英语，买磁带的钱也得精打细算。同学都为顾先生的落魄感到难过，顾先生却不以为然，还故作潇洒地说，只要吃穿不愁，天天都是好日子。

像顾先生这样的人，在当今社会上或许有许多，他们胸无大志、不思进取，满足于每个月拿固定工资，除了生存以外，已经没有过多的追求了，这种现象被称为"食草化"现象。顾名思义，食草一族只能看到眼前的一点青草，如绵羊一般苟且，是不可能像雄狮那样称霸草原的。

食草族由于缺乏欲望、胆识和改变现状的勇气，生存空间越来越狭窄。随着社会的快速发展，人才和人力的竞争都日渐白热化，如此一来，食草族必将长期沦为廉价劳动力。现实告诉我们，只为口粮而工作，为了一口饭而斤斤计较，对人生没有更好的期待，未来的生活只会江河日下。只有不安于现状，勇于开拓进取，你才能获得更多的成就。

## 乐观精神是可贵的财富

有这样一则发人深省的故事。

故事讲述的是一位记者前去探望一名生活困顿的女工。女工命运多舛，丈夫因病过世，两个孩子年幼，这个家只靠她一个人独立支撑。由于家庭负担重，她收入又十分微薄，家里欠下了很多债。但是让记者惊讶的是，在这个女工脸上，看不到一点愁容，她的笑容任何时候都像雨后的天空那么晴朗。记者进门以后，发现屋里的陈设虽然十分简陋，但家里被这位女主人打扫得窗明几净、一尘不染，丝毫没有给人带来压抑感。女工告诉他门帘是自己亲手做的，拖鞋上的漂亮图案是自己用旧毛线一点一点织出来的，家里的洗衣机、电冰箱等家用设备都是好心的邻居不用以后送给自己的，全都很好用。孩子从小就乖巧懂事，不用她操心，写完了功课还知道帮大人干活……面对这个坚强乐观的女人，记者感动得几乎一句话也说不出来了。

这是一则记录平凡人生活的故事，这样的故事虽然不像名人和伟人的故事那样惊心动魄，但却给人启迪。

有些人最缺的不是钱，而是一种精神信念，而这种信念恰巧在那名女工的身上淋漓尽致地体现出来了。她的生活虽然是困苦的，但精神状态却是昂扬向上的，面对生活的重压，她不但拥有敢于直面苦难的勇气，而且具有战胜苦难的决心。她的乐观精神就是取之不尽用之不竭的财富，她的勤劳果敢就是擎起美好未来的坚固石柱，有了这种精神做支柱，这家人是不会永远贫穷下去的，他们在物质上的贫乏只是暂时的，终有一天，好日子会降临到他们身上的。

其实物质上的贫瘠并不可怕，可怕的是精神上的贫瘠，因为心理贫穷的人在现实中是不会有收获的。一个人只要身体健康、精神状态良好，完全可以用一双手为自己打拼出一个崭新的人生格局。人最为可悲的莫过于相信宿命，把自己看成需要同情和怜悯的对象，自己主观不努力，却总是妄想着得到别人的帮助和施舍，抱着这样的心态生活，一辈子都是可怜的弱者，是不可能挺起做人的脊梁，向世界展现出顶天立地的风姿的。

徐悲鸿说："人不可有傲气，但不可无傲骨。"我们可以人穷，但不绝能志短，更不能没有骨气。我们要相信物质上的贫乏只是暂时的，相信孟子"天将降大任于斯人也，必先苦其心志，劳其筋骨，饿其体肤，空乏其身，行拂乱其所为，所以动心忍性，曾益其所不能"的理念，把生活的困顿当成是对自己的磨砺和考验，努力扭转命运的格局，用汗水和智慧来书写自己的未来和人生。

## 不可只看到眼前的蝇头小利

社会上总有一些人喜欢想方设法占小便宜，比如和别人一起外出用餐，经常让对方买单；和同事一起打车办事，总让对方付车费；在其他场合，也总是惯于使用小聪明让别人爽快掏腰包，自己免费享受各种好处。在生活中爱占小便宜的人，在办公室里更会变本加厉，毕竟办公场所有很多公共资源，且看管比较松弛，想要据为己有几乎毫不费力。在那些爱占小便宜的人眼里，杯子、卫生纸、洗手液、圆珠笔等廉价用品，皆是可以肥私的资源，他们要么顺手牵羊，要么故意浪费，总之公用的东西不用白不用，不拿白不拿。

表面看来，喜欢占小便宜的人确实为自己谋得了一点利益和好处，得到了些许实惠和甜头，但是无论自然界和人类社会都是讲究平衡的，你占了便宜就意味着别人吃亏，走到哪里你都占尽好处，让别人吞咽苦果，久而久之，别人自然会察觉，会对你有所疏远。

在生活中，没有人会真心喜欢贪小便宜的人，处处占便宜的人早晚会成为令人厌弃的过街老鼠。为了一点蝇头小利失去了好人缘，甚至丧失很多成功的机会，显然是得不偿失的。在工作场合，一个损公肥私、中饱私囊的员工同样不受欢迎，没有哪个老板会信任和重用那种防不胜防的家贼，也许你只是把一些不值钱的小物件搬回了家，并没有给公司带来多大的财物损失，但是你的行为在老板看来是不可容忍的，你的前途命运很有可能就毁在那些不值钱的小物件上。事实证明，总汲汲蝇头小利者，前途必定一片昏暗。为小利而失大局是非常不值得的。

杨小姐是办公室里的一名小职员，因为工资不高，她一向比较小气，花钱总是精打细算，后来她发现很多同事在公司发放完各种福利品时，都不急于带回家，谁也不把那些东西放在心上，就动起了歪脑筋。这家公司虽然薪资待遇一般，但福利还算不错，经常给员工分发食用油、洗发水之类的东西，在闷热的夏季还经常给大家发可乐、汽水等消暑饮品。像可乐之类的东西，都比较重，同事一般也不会搬回家，都是随手开启一瓶就在办公室里喝，谁也不会认真统计它们的数量，于是这些东西就成了杨小姐下手的目标。

杨小姐多次故意晚走，两瓶两瓶地将同事的可乐顺走，有时还会偷几瓶食用油。转眼两个月过去了，没有人发现自己丢了东西，杨小姐心中窃喜，以为自己真的可以瞒天过海了，直到有一天领导到她家做客，真相才败露了。那天天气格外炎热，外面骄阳似火，领导大汗淋漓，随手就打开冰箱找东西喝，当他看到满满一柜子可乐的时候立马惊呆了，瞬间他什么都明白了，忍不住挖苦道："今天我真算长见识了，我见过爱占小便宜的，可没见过像你这么爱占便宜的。你真是让我大开眼界了，佩服佩服。"

后来领导又在杨小姐家里发现了文件夹、签字笔、复印纸等办公用品，它们被分门别类地整齐摆放着，这些东西累积起来足够开一个文具用品店了。领导气得脸色铁青，他长叹一口气说："小杨，真没想到你是这样的人，我本来对你寄予厚望，想要提拔你到更好的岗位工作，现在看来你并不是合适的人选。发生了这样的事情，我想你继续留在公司，以后大家见了面会比较尴尬，你还是准备准备另谋高就吧。不过我得提醒你，到了下一家公司工作，可不能再犯类似的错误，你要是再不汲取教训，只怕没有一家公司是能容你的。"杨小姐羞愧地低下了头，流下了悔恨的泪水。

一个人工作能力不够，可以通过不懈地努力弥补提升，但人品上的瑕疵就像太阳黑子一样，堪称是一种难以弥补的缺陷，几乎是无可救药了。爱占小便宜、损公利己，体现的是人品道德的问题，公司对其零容忍完全是情理中的事。不要以为贪小便宜不是什么大事，不会对自己的前途构成多大影响，古人早就说过"勿以恶小而为之"，小恶同样也是恶，它就好比腐蚀你高洁品质的蠹虫，足以毁掉你辛苦经营起来的美好形象，甚至毁掉你的未来。

## 放眼大局的人才能赢得人生

很多人笃信，要想从激烈的竞争中脱颖而出必须拼手段，于是整天潜心研究怎么走捷径得到肥差、美差，怎么甜言蜜语讨上司、老板欢心，怎么抢占别人的功劳……这些人也许能一时春风得意，但是普遍成不了大器。

真正成大事者从来不屑于拼手段，而是致力于拼格局。拼手段的人，蝇营狗苟，不过是一时的小人得志而已，人品如此低劣，在任何行业都成为不了风采卓然的领袖人物，因为他们缺乏领袖人物必备的基本素质和人格魅力，既不会有太多的追随者，也不会在社会上取得太高的地位。一个真正的领袖必然是襟怀坦荡的，他的成功不是靠卑劣的伎俩和手段换来的，而是靠自己的远见卓识、高瞻远瞩的智慧赢得的，这样的人才最值得我们崇敬和钦佩，也最值得我们追随和效仿，即便我们不能取得与之比肩的成就，但是如果能拥有同样的气度和境界，人生的层次也会随之更上一层楼。

贾宁大学毕业以后，在一家中小型公司的人力资源部谋到了 HR 助理的职位。这家公司虽然只有几十名员工，但人际关系分外复杂，部门和部门之间为了各自的利益总是争斗不休，长期以来，人力资源部一直屈居行政部门之下，行政部门的主任总是想方设法打压人力资源部的人才，不少人因为受不了这样的氛围，纷纷离开了。

贾宁刚到公司不久，就被行政部主任盯上了，起因是行政部主任虽敌视人力资源部的主管，但是在明面上不好直接交锋，所以就想通过打压贾宁向人力资源部示威。有一次在员工大会上，行政部主任第一个发言，一开口就连珠炮似的对贾宁发起了攻击，逐条数落他的罪过，一副杀气腾腾的架势，在场的员工全都吓呆了，贾宁也一时没有反应过来，好在关键时刻人力资源部门主管肯为他挺身而出，逐条驳斥行政部主任的荒谬言论，这才为贾宁保住了声誉。

两年以后，人力资源部主管被调到了外地，贾宁成为了新任的主管，尽管行政部主任依然那么喜欢找茬儿，经常无理取闹，贾宁还是顶着压力把人力资源部组建起来了，他对部门进行了大刀阔斧的改革和创新，完善了招聘、培训、绩效考核制度，其能力受到了全体员工和老板的肯定。老板夸他有水平，人品也不错，承诺日后必会对他委以重任。半年之后，贾宁调到了总部，成为了公司的核心骨干。而当初那位喜欢处处刁难他的行政部主任，由于经常打压异己和耍手段，搞得天怒人怨，最后被公司扫地出门了。

贾宁的成功无关手段和计谋，他之所以能成为公司的精英，凭借的是自身的实力和不计私怨、放眼大局的格局意识。其实无论是回顾历史，还是面向当代，我们都不难发现这样一个规律，大多数的杰出人物能一步步走向人生的巅峰，凭借的不是手腕而是格局，玩手腕的人永远比不上拼格局的人。

一个心中有大格局的人，所思所想自然和庸众不一样，他在改变自身命运的同时，其实也间接地改变了一个时代，甚至在某种程度上改变了整个世界。这些都是热衷于拼手段的人永远也做不到的。拼手段的人总想着通过不正当的途径促使自己的利益最大化，甚至不惜把自己的幸福建立在别人的痛苦之上，这样的人早晚会遭遇"失道者寡助"的败局。有道是"公道自在人心"，要手段的人必将被大众和时代所弃，只有光明磊落、胸怀天下者才能成为笑到最后的赢家。

## 停止抱怨，打破生活的僵局

在面对工作和生活时，如果境况不理想，人们难免发发牢骚、抱怨几句。偶尔发泄一下，其实也无伤大雅。但是如果把抱怨当成了家常便饭，性质就不一样了。正所谓"牢骚太盛防肠断"，抱怨不仅会让你自己心烦意乱，而且会像瘟疫一样蔓延，影响到周围人的心情。没有人喜欢负能量的传递者，如果你不肯闭口，很多人都会选择对你避而远之，这样一来，一肚子怨气你也只能对自己发泄了。由于心不在焉、身体里储满了负能量，恐怕连最简单的事情都处理不好，极有可能陷入越抱怨越不幸的恶性循环怪圈。

很多人在被告诫必须立即停止抱怨时，都会显得愤愤不平，还总是忍不住振振有词地说："我每天拼死拼活、加班加点地工作，薪水低得我都不好意思开口，抱怨几句有何不可？"或者说："我堂堂名校高才生，满腹才华无处施展，不受重视也就罢了，还受尽冷遇，长期坐冷板凳，换作任何人，恐怕也不能心平气和吧。"抑或说："我就是不明白为什么能力不如我的人会过得比我好，他们没有付出多少努力就过上了光鲜体面的生活，这个世界为什么就这么不公平？"

诚然这些抱怨发泄出了你的一些负情绪，但是喋喋不休地倾诉自己的委屈和不甘，并不能解决任何问题，抱怨并不会让你的人生越变越好，反而会让你的生活越来越差。一个满腹牢骚的人，是最容易走霉运的，因为好运是争取来的，而厄运往往是自己招致的，你越是气急败坏，坏事越是接踵而至，令你无法招架，直到把你的人生搞得一团糟。再者，爱抱怨的人往往不受欢迎，上升的通道很容易被堵塞，所以为了自己的前途命运着想，停止抱怨不失为明智之举。

葛蕾是一名名校毕业的高才生，主修平面设计专业，毕业不久就进入一家设计公司做起了平面设计师。由于在校成绩不错，起初上司和老板都对她格外看重，可是短短几个月的时间，两人对她的态度便发生了180度的大转弯，他们开始挑剔她的工作，经常对她吹毛求疵，这让她感到既难受又恼火。

开始时，葛蕾还感到莫名其妙，后来便渐渐发现了端倪，原来自己刚到公司时，作为公司里唯一的硕士生，堪称是一枝独秀，所以比较受到老板器重，可随着更多的硕士生和博士生涌入公司，她就不再那么特殊了。有一次葛蕾和一个博士生忙一个项目，辛辛苦苦做了大半年，没想到在公司的庆功会上，只有那位博士生受到了格外表彰，老总连她的名字都没提过。葛蕾大为光火，没完没了地向同事抱怨，有的同事很同情她，和她一起唉声叹气，但大多数同事对她的牢骚都没有什么反应，每次发现她想要开口抱怨，就马上识趣地走开了。

到了年底的时候，葛蕾发现自己的年终奖比其他同事少，便再也按捺不住自己的情绪了，当着全体职员的面，对老总抱怨道："每天我都是第一个到公司，最后一个离开公司的，我的努力是大家有目共睹的，不嘉奖我也就算了，凭什么克扣我的年终奖金？"面对质疑，老总也振振有词："凭什么？就凭你给公司带来的恶劣影响。你自己回想一下，自从你来到公司，哪天不发牢骚抱怨，自己满腔怨气，还影响别人工作，扣你奖金就算是给你警告了。如果你还不能改变工作态度，那么我只能请你另谋高就了。"

葛蕾听到这番话愣住了，她万般没有想到原来一切都是抱怨惹的祸，以前她一直误以为是公司多招了几名硕士生和博士生的缘故。老总并没有冤枉她，她确实有爱抱怨的毛病。刚刚入职一个星期，因为客户催促，全体创意小组需要连续加班一个星期，葛蕾听到这个消息当场就不高兴了，公开抱怨道："我们工作八个小时已经够辛苦了，凭什么要求我们加班？客户又不是上帝，晚一个星期提交方案天也不会塌下来，我们干吗要让客户牵着鼻子走？"老总听了这番话，心里很生气，不过还是强压下怒火没有批评她。此后她多次向同事宣扬公司埋没人才对自己不重视，使得老总对她的印象越来越差，直到年底她抱怨年终奖太少，说员工的付出和所得严重不成正比，老总才给了她严厉的警告，她这才如梦初醒。

心中有大格局的人是不会把时间浪费在抱怨上的，因为他们深知抱怨对任何人来说都是有百害而无一利的。怨天尤人是一种极其不成熟的表现，只有心胸狭隘的人才会那么做。也许抱怨能让你在某个时刻一吐为快，但是从长远来看，它很有可能转化成吞噬你灵魂的黑洞。所以人生失意时，你必须主动停止抱怨，学会在痛苦中反思，然后从失败中奋起，只有这样你才能打破生活的僵局，迎来崭新的人生。

## 超越狭隘的私心，一切以大局为重

在职场生活中，人与人之间既有竞争又有合作，一些较为现实的职场人士便一心只想把自己的本职工作做好，对于别人的事总是一副"事不关己，高高挂起"的态度，严重影响了团队协作的工作效率，甚至已经危及到了整个公司的利益，可悲的是这样做并没有给他们个人带来任何好处，反而间接地导致了个人利益受损。

众所周知，企业是一个集体，每个员工都是团队中的一分子，大家就好比一条船上的船工，只有风雨同舟、患难与共，才能乘风破浪，顺利抵达目的地。如果人人都只顾个人利益，不肯发扬团结合作的精神，那么就算能登上豪华邮轮，也不能保证它不会倾覆沉没。试想一下，如果企业的效益下滑了，或者破产倒闭了，自己的利益还会有保障吗？正所谓"皮之不存，毛将焉附"，企业和个人正是皮与毛的关系，看不清这点，你永远都不会从企业的进步和成长中获得收益的。

职场中，不少人把众志成城、同心同德的理念当成了一个空洞的口号，对于同事总是吝啬万分，不愿意与任何人分享经验和资源，在同事迫切需要帮助时，不肯及时施以援手，要么找各种理由和借口加以搪塞，要么干脆袖手旁观，结果导致团队的核心利益受到影响。时间一长，身边的同事都会不约而同地疏远他，上级和老板也会对他越来越不满，很有可能最终把他当成烂苹果，从团队中剔除。那些以自我利益为中心的人，在竞争中落败，不是败给了别人，而恰恰是败给了自己的自私。

张华和李明在同一家公司任职，有一次两人一起参加一个展览会，其工作任务是向广大采购商发放名片，尽可能地为公司签下几笔大单。作为一个临时组成的团队，两人很快就有了明确的分工，张华负责印刷名片，李明负责散发名片，只要有顾客有洽谈的意愿，两人要轮番使出杀手铜，把生意谈成。

本来李明是非常信任张华的，可是万万没想到在关键时刻张华会把他名片上的电话号码和邮箱地址印错，多亏他事先检查了一下，否则所有的努力都要付之东流了。出发前，李明嘱咐张华重新印刷名片，谁知张华却说："现在恐怕来不及了，不如这样吧。到了展览会，只发我一个人的名片就行了，反正上面的电话号码和邮箱地址都是正确的，等到客户联系我时，我再通知你。"李明看了看表，觉得时间紧迫，就同意了。

到了展览会现场，李明找到了不少有意愿谈生意的采购商，本来已经有人主动向他递名片，表示愿意日后联系，谁知这时张华偏偏要赶来打岔搅局，结果弄得大家不欢而散。更让人反感的是，无论李明走到哪里，张华都会尾随其后，总是找一些乱七八糟的理由阻止他和客户交谈，生怕他一个人签成大单，许多到手的订单就这样不翼而飞了，李明忙了一整天，什么业务也没谈成。由于始终盯着李明，张华根本就没有腾出时间和客户联系，最后两个人空手而归了。

部门经理得知两人一个客户也没谈成，忍不住大发雷霆，李明十分委屈，就把张华故意印错自己名片的联系方式以及多次搅局的事情原原本本地告诉了部门经理。部门经理得知事情的真相后，认为张华是团队里的害群之马，当天就把他开除了。

其实自己和团队的关系是一荣俱荣，一损俱损的，你只有看清局势，才能认识到通力合作的重要性。团队成员虽然是你的竞争对手，但更是你的合作伙伴，你若是把对方看成敌人，就会在损人利己的动机下，做出害人害己的蠢事来。事实告诉我们，自私者必自毁长城，你只有超越了狭隘的私心，一切以大局为重，才能成为企业和社会所需要的人。

# 学会控制负面情绪

随着社会节奏的加快和竞争压力的加大，一些人变得越来越情绪化。无论走到哪里我们都能听到这样的口头禅："今天真郁闷。""我今天心情不好，谁也别惹我。""烦死了，我气得都快爆炸了。"在职场环境中，许多人不但没有变得更加理性和克制，反而变得越来越感性了，要么坏脾气不定时爆发，要么隔几天就郁闷一场，真正遇到棘手问题或人际冲突时，更是火冒三丈，在冲动的状态下，很有可能做出各种出格的事情来。

诚然，人有七情六欲、喜怒哀乐，没有人能天天保持好心情，情绪发生起伏变化也是正常的，可是喜怒无常就超出正常的范畴了。人常说冲动是魔鬼，有时它所要付出的代价未必是你能承受的。事实上，人生的很多问题都是从情绪失控开始的。世上有多少人因为一时冲动犯下日后无法弥补的错误，作为一个理智的成年人，我们理应增强自身的自制力，让自己站在更高的格局上，解读和看待发生在自己身边的人和事，不要因为一点小事就歇斯底里。

赵琦是一个很情绪化的人，一点风吹草动都能把他惹火，由于控制不住自己的负面情绪，他的职业生涯已经受到了严重的影响。就拿近期发生的一件事来说吧。他为一个大客户精心策划了一份广告方案，在召开讨论会之前，他和客户交谈过几次，希望客户多提一些中肯的意见，客户并没有挑出什么毛病，所以他理所当然地认为这套广告方案已经通过了。谁知在讨论会上，客户方的领导居然全盘否定了这套广告方案，指出了很多细节上的问题，并说该方案没有新意、平庸至极，真不敢相信这样的方案竟然是名声在外的大型广告公司制作的。

赵琦听了这番话，气得全身颤抖起来，他沉默了一会儿，然后忽然站起来用严肃的口吻说："这个方案花费了我不少心血，虽然它还不能称得上尽善尽美，但也没有你说得那么不堪吧。在讨论会之前，你们可是一点批评意见都没提过啊，今天一味地攻击我，简直就是把讨论会当成批判大会了，这是什么意思？你们这样做，对双方的合作是一点好处都没有的！"

客户方的领导忙说："年轻人，先让我把话说完行吗？这套方案在整体创意和局部细节上确实是有问题的。今天我们坐在一起讨论，不就是为了商讨一下修改意见吗？你先坐下来，我们慢慢讨论好不好？"赵琦勉强坐了下来，会议进展到一半的时候，他又忽地站起来说："我现在郑重地告诉你们，我不干了，你们找别的策划师吧，我受够了你们的指手画脚，既然你们有这么多想法，为什么不自己设计出一套方案来呢？"客户方说："小伙子，你怎么说话呢？我们自己设计方案，还给你们广告公司付钱干什么？"赵琦得意地说："你们也知道自己没本事设计出东西来，那就别对有本事干活的人吹毛求疵。"说罢，气冲冲地摔门而去。

因为赵琦的恶劣态度，客户方一气之下，和广告公司解除了合同，公司为此损失了一笔大单。老板很生气，把赵琦严厉地批评了一顿，并警告他说如有下次，公司会不顾情面地将他开除。赵琦冷静之后，确实觉得自己当时太过冲动了，但世上没有后悔药，失去的订单他是无力帮助公司追回了，他自己的前途也几乎被毁掉了。老板原本打算把这个项目做好以后，将赵琦提拔为策划部主管，出了这件事以后，老板觉得赵琦太过情绪化难当大任，以后也不想再重用他了。

我们都知道冲动是有代价的，过于情绪化可能给自己的未来生活带来极为不利的影响，但是人在气头上时，就是控制不住自己的行为，这该怎么办呢？其实你只要掌握了调控情绪的技巧，是完全可以克制住自己的过激行为的。控制坏情绪并没有你想象得那么难。

遇到问题首先要学会冷处理，至少给自己十分钟的缓冲期。盛怒之下，人基本上已经丧失了理智，在这种情况下千万不要试图解决任何问题。最好什么也不做，让自己的心情慢慢平复下来，等到理智回归大脑时，再做选择。

如果和别人发生了激烈的争论，情绪马上就要失控，为了避免争吵升级，最好选择闭口倾听，先让别人把话说完，之后再发表自己的观点，讲话时要尽量降低声音的分贝，有意识地放慢语速，尽可能降低话语中的攻击性。

在与人交流的过程中，要学会换位思考。不要只站在自己的立场上考虑问题，而要尝试着交换角色站在对方的立场上思考问题，这样你就会对别人多一分宽容和理解，很多矛盾也会随之迎刃而解了。

## 莫要急功近利，扎实打好基础

张爱玲在感叹时光飞逝时，曾说过这样一段话："日子过得真快，尤其对于中年以后的人，十年百年都好像是指顾间的事。可是对于年轻人，三年五载就可以是一生一世。"听到这些话，中年人感慨万端，责怪自己青春年少时没能好好把握时光，年轻人则激动万分，甚至提出了"三十岁还不成功，你的人生还有希望吗？"的极端言论，仿佛一个人若是在三五年内没能功成名就，这辈子就等于白活了。

诚然，每个人都渴望成功，但冰冻三尺，非一日之寒，成功并不是一蹴而就的事，想要一夜成名或者一日暴富简直就是异想天开，三五年的期限同样也不具备科学性。即使是华人首富李嘉诚也不是在短短三五年的时间内就能积累出亿万身价的。仔细观察你会发现，各大领域的名人名流多半都是步步为营、稳扎稳打走向成功的，阿里巴巴的创始人马云在 30 岁时对互联网一窍不通，哈兰德·桑德斯 65 岁才创建了肯德基，齐白石 56 岁才成为名震全国的绘画大师……这些人从来不急功近利，然而他们反而离成功最近。

俗话说得好，"心急吃不了热豆腐"，做什么事都想走捷径，妄想一步登天，往往什么事情也干不成。现在一些年轻人最大的问题是盲目地强调出名要趁早、赚钱要趁早，一切都以功利为前提，缺乏必要的耐心和持久的毅力，做事心浮气躁，目光短浅，所以普遍难成大器。常言道：罗马建成非一日之功。青年时期正是人生打基础的阶段，做事急躁、不踏实，怎么能够为未来的事业打下坚实的地基呢？要知道成功是一个厚积薄发、水到渠成的过程，你如果一味求"快"而不求"稳"就会欲速不达，很有可能一生一事无成。

张先生和刘先生都是当地小有名气的画家，他们都对自己的孩子寄予了很大厚望，希望后代能子承父业、青出于蓝胜于蓝，在画坛上获得更高的成就，虽然出发点相同，但这两位父亲教育后代的方式却截然不同。

每当儿子画好一幅画，张先生都会迫不及待地把他的作品装裱起来挂在客厅最显眼的位置上，家中但凡有客人到访，都忍不住惊叹一番，称赞孩子小小年纪就有这样的绘画功底，实在了不起。刘先生却从来不轻易向别人展示孩子的画作，孩子每画好一幅画，他都会仔细品评一番，只要觉得画作不够水准，就会毫不留情地把孩子辛苦完成的作品随手扔进垃圾桶。刘先生家里没贴过孩子的任何一幅画作，画板上只能看到一些未完成的作品。

时间过得很快，一转眼 30 年过去了。张先生的孩子画了很多画，城市里随处都能看到他的画作，不过没有一幅画能给人留下印象，它们都是平庸之作，既没有新意也没有风格。刘先生的孩子虽然作品不多，但偶有画作出世，便轰动整个画坛，他给绘画领域带来的震撼远非一般画家能比，其艺术成就直逼当地最有名望的老画家。

张先生带着一种急功近利的心态培养儿子，以速成的方式塑造儿子，最后不但没有把他培养成优秀的画家，反而使其沦为了不入流的三流画家。刘先生不疾不徐，用 30 年的时间锻造儿子，终于把他塑造成了一个技艺精湛的一流画家。

从这则故事我们可以看出，急功近利是不可取的。无论是练就一身本领还是成就一番事业，都要做好十年磨一剑的准备，然后脚踏实地地朝目标前进。不愿付出任何努力，却想在短时期内平步青云、飞黄腾达，显然是不现实的，因为它违背了事物的发展规律，跨越了事物的正常发展阶段。

揠苗助长的故事我们再熟悉不过了，也许没有人会承认自己正在做同样的傻事，可事实上，所有急功近利的行为在本质上和揠苗助长是没有区别的。其实，只要你能耐得住寂寞，扎扎实实地打好基础，以谦卑姿态努力向上攀爬，总有一天你能登上雄伟的金字塔，看到雄鹰眼中那个壮美而瑰丽的世界。

## 投资自己是世上最好的投资

任何一项投资都是有风险的，世上没有一种理财产品能百分百保证让你只赚不亏，那么投资什么才最可靠呢？答案是投资自己。

投资自己，让自己升值，就是对人生格局最好的规划。大部分职场人士之所以晋升困难、薪水不高、处境艰难，根本原因就在于不舍得投资自己。许多初出茅庐的年轻人，由于经济条件比较差，舍不得花钱投资自己，结果丧失了很多机会。比如有的求职者因为舍不得买一套像样的职业装，在面试时吃了大亏，与理想的工作失之交臂。其实你如果能狠下心来花钱包装自己，将来的收益一定远远超过你所花费的成本。

不少低薪族为了省房租，搬到了城郊居住，每天都要花费三四个小时在交通上，表面看来，每个月确实省下了几百块钱，但是这样做却浪费了很多宝贵的时间。时间也是一种资源，如果你能把这种资源投资在学习充电上，而不是将它浪费在日复一日的奔波上，你的身价不可能永远不涨。其实每个人都有可能是潜力股，可惜不是所有人都能有意识地让自己升值，如果你不能转换思想，总是忙着赚钱省钱，却不肯在自己身上投资，那么恐怕一辈子都会原地踏步。其实与其把钱装进"口袋"，不如把钱装进"脑袋"，你只要让大脑先富足起来，干瘪的口袋才有希望在日后鼓起来。

就投资的项目而言，投资自己是世上最好的投资，它能使你的能力获得飞跃性的提升，使你的收入翻倍增长。如果你在职场摸爬滚打数年，薪水始终涨幅有限，那么多半是在技能、知识、眼界等方面存在着局限，突破瓶颈最直接的方法就是回炉充电，无论是参加职业培训还是恶补行业知识，都有助于你提升自己，如果有机会的话，最好到更广阔的世界里深造自己，当然这种投资花费不菲，不过比起日后的巨大收益来说，有限的成本根本不算什么。

林枫大学毕业后在一家报社做记者，虽然收入比较稳定，但是三年下来，薪水涨幅不大，他想再这样下去，再过八年十年，自己的境况也不会发生太大的变化，于是做出了让所有同事都大为不解的决定——辞职出国深造。同事都认为从事记者这个行业，最重要的是资历，根本没有必要出国学习，再说出国深造需要花费一大笔钱，在外面学到的东西回国之后还未必用得上，所以纷纷劝林枫放弃这个想法，但林枫去意已决，义无反顾地踏上了旅程。

在异国留学的过程中，林枫的足迹走遍了欧洲各地，他用相机记录了不同地区的风土人情，那些鲜活的画面给他的心灵带来了巨大的冲击，他的新闻敏感度越来越好，思考问题的方式和角度也发生了变化。

留学生涯结束以后，林枫回到了国内，又当起了记者。有些人说林枫兜兜转转走了一大圈，最后又回到了最初的原点，出国简直就是浪费时间浪费金钱。林枫笑笑，并不争辩，他只想用一篇又一篇观点鲜明、思想深刻的稿件证明自己。果然没过多久，他的文章就在报业引起了剧烈的反响，报社看到了他的潜力和价值，不仅给了他更高的职位和更优厚的待遇，还把他当成了报社重点培养的对象。

投资自己是一个长期的过程，未必能在短时间内看到立竿见影的效果，因此我们必须做好打持久战的准备。不要奢望自己获得了某个专业证书或者出国学习了一段时间，马上就能有所突破。我们需要明白，提升自己的能力是一个循序渐进、潜移默化的过程，案例中的林枫也是通过多年的留学学习，逐渐提升自己的职业素养，才最终走向成功的。由于投资自己不是一个短期项目，需要我们持续地付出时间、精力和金钱，因此我们必须做好全面的准备，既不能让自己半途而废，又要舍得付出，只有这样我们才能从投资中获得超值回报。

## 摆脱小团体主义，做好本职工作

俗话说："物以类聚，人以群分。"分散的个体聚集成一个个小团体纯属自然现象，并没有什么稀奇可言。在公司内部，性情相投或者被某些因素捆绑在一起的职员，会自然而然地结成小团体。通常情况下，小团体之间有着泾渭分明的界限，在利益发生冲突时，它所带来的内耗和损失往往是难以估量的。在顽疾亟待治理的情况下，老板或者企业的管理者不可避免地会向小团体提出警告，无论对个人还是对企业，小团体主义都危害不浅，为了自己的未来着想，也为公司大局考虑，最明智的做法就是不要盲目加入任何小团体。

有些人认为，加入小团体就好比加入了一个强大的阵营或是靠上了一棵参天大树，有了强有力的支持和后盾，对自己的职业发展终归是有利的。这种想法显然是过于乐观了。事实上作为成员，你能从小团体中获得的实际利益是非常有限的，但是承担的风险却远远超出你的预料。如果你所在的团体做出了违背公司根本利益的事，老板追究责任的时候，无论你是否参与其中，都一样难辞其咎。当你加入一个小团体之后，所作所为都要符合团体的最高利益，久而久之就会失去自己的是非判断以及做人处世的根本原则，为了局部利益，你很可能做出危害公司整体利益的事情来，如此一来，无论是被降职查办还是被扫地出门都是情理中的事了。

钱亮刚入职不久，就发现公司被分成了两大门派，一派是以办公室主任为首，另一派是以副经理为首。作为一个职场菜鸟，钱亮不想惹麻烦，就做了中间派，哪个团体也没有加入。由于为人低调，他不曾得罪任何一边的人，和同事相处还算比较愉快，但是到了年终评奖的时候，他想继续保持中立就越来越难了，两个阵营的人都在不断向他施压，一边让他把票投给办公室主任，一边让他把票投给副经理，结果他承受不了这么大的压力，投票当天，请了病假逃脱了。

事后，两大阵营都离弃了他，他自己形单影只地熬过了两年，但最终还是迫于压力，他开始向副经理靠拢，刚开始他非常乐观，以为背后有了组织支持，会让自己在事业上更加顺遂。没想到他成为团体成员半年以后，他们的核心人物副经理在两派的纷争中败北，相关成员都受到了降薪或开除的惩罚，钱亮也不例外，同样受到了波及，年终奖金也跟着泡汤了。

经历了这场风波以后，钱亮痛定思痛，开始反省自己的行为，以前他总是为了团体的利益奔忙，浪费了很多时间，以至把自己的专业荒废了。遥想毕业时，他最大的目标就是成为专业型的技术人才，但不幸的是工作以后，他深陷在小团体的圈子里不能自拔，不但丧失了做人的基本原则，还耽误了研习专业，真是太不值得了。经过一番心态调整以后，钱亮申请调到了别的部门，一心把精力用在技术钻研上，此后没有再加入过任何团体。一年之后，凭借着过硬的技术能力和诚实可信的品格，他受到了老板的表彰和赞赏，不但被提拔为技术部门的主管，还成了最受企业重视的明星级员工。

小团体虽谈不上是洪水猛兽，但是在崇尚团队协作精神的当代，小团体的存在确实在一定程度上破坏了公司整体的和谐。每个团体都有自己的利益诉求，互相之间难免会出现摩擦和争斗，如果你加入任何一方阵营，自然会被卷入各种旋涡和洪流之中，受到伤害也就在所难免了。

盲目地站队，把小团体视为避风港或后盾，显然是把职场的格局看成了一个二维平面，却没有意识到在小团体之上还有一个更高层次和更高级别的机制，那就是管理机构，管理阶层可以根据公司利益的实际需要，随时对小团体做出调整，作为其中的一员，你的职业生涯自然会受到影响。我们可感知的世界是三维的，职场格局其实也是三维的，所以我们不能以平面的眼光来看待问题，而要站在一个更高的层次去理解分析问题，只有这样我们才能摆脱狭隘的小团体主义，做出更明智的选择。

## 妥善安排工作，提高工作效率

通常情况下，人们都认为忙是一件好事，业务繁忙说明自己很重要，因此许多人每天忙得焦头烂额却依然乐此不疲。忙如果能出成果出成绩，薪酬也能跟着水涨船高，自然会有人乐在其中。这种状态正是许多上班族梦寐以求的。不过忙并不意味着劳而有功，穷忙、百忙的现象在职场上也是普遍存在的。许多职场人士，终年劳碌却依然入不敷出，甚至陷入越忙越穷的怪圈。

那么这些人是否还有希望摆脱穷忙的命运呢？答案当然是肯定的。只要打破旧格局，创建新格局，努力提升工作能力和工作效率，就可以让自己的忙碌取得良好的成果。

徐刚是一家商贸公司的业务员，刚刚涉足职场时，因为是公司里的新人，所以做什么都格外卖力，每天都忙得昏天黑地。由于经验不足，业绩不理想，他最初的薪水少得可怜，不过他很少抱怨，心想自己还年轻，以后好好干，总有机会大展身手。可是转眼两年过去了，徐刚还是老样子，依旧做着基层业务员的工作，工资只涨了200块，比起外面飞涨的物价，这多出的 200 块实在是轻得没有分量。

徐刚感到分外焦虑，每天都精神高度紧张，生怕自己稍微不努力，就再难有机会出头了。在压力面前，徐刚像一个陀螺一样忙个不停，然而却一直收效甚微。有一次他好不容易联系上了一个重要客户，客户让他把产品的介绍资料发到自己的邮箱里，然后再考虑是否要购买该产品。徐刚兴冲冲地把最详细的产品资料全部发到了客户的邮箱里，之后就忙着为接下来的洽谈做准备工作。他想要和客户正式会谈，没有一件像样的行头是不行的，于是就向朋友借钱买了一套高档西装。随后他又自作主张地在高档餐厅里订了位置，准备和客户边就餐边商讨业务。

等到一切安排妥当后，两天的时间过去了，可是客户那边还是一点回应都没有。徐刚急了，忙给客户打了一通电话，经过询问他才知道原来是自己发送的邮件太大，相关资料被对方自动退回来了。徐刚很恼火，接着花费了一个小时时间重新整理产品资料，随后又给客户发送了一份资料。他忐忑不安地等了一个下午，再次给客户打电话询问时，被告知对方已经和其他公司签约了。徐刚再次受到了打击，对未来越来越没有信心了，他不知道穷忙的日子还要持续多久，想起日后的发展，他始终一筹莫展，不知道以后的路该怎么走。

在职场上，像徐刚这样忙来忙去却劳而无功的人比比皆是，他们之所以沦落到这样的境地，多半是因为心中没有大格局观念，考虑不周，对工作规划不当，导致自己忙而无序、忙而无效。这些人要改变这种状态，每天进入办公地点以后，应首先把一天的工作规划和安排好，决不能以杂乱无章的方式做事，事先还要考虑好突发事件和意外情况，以便自己能及时应对，避免浪费更多的时间和精力。还要注意的一点是，要经常总结经验教训，不能让自己在遇到同一个障碍时连续跌倒两次，要尽最大的努力改善自己的工作方法，提升自己的工作能力，如能做到这些，你一定能摆脱劳而无获的困境。

## 职场不是展示个性的地方

现在许多年轻人比较崇尚个性，做事喜欢特立独行，无论在任何场合都表现得我行我素，较少顾忌别人的反应和感受，结果不但没能展现出真我风采，反而成为了职场上最不受欢迎的另类。

很多初出茅庐的年轻人误以为标新立异就能突显自己，所以在制作简历时，加入了很多富有戏谑色彩的描述，比如在特长栏里强调自己"擅长讲冷笑话，曾经彻夜观测流星雨，下棋不输关云长，跳舞比得上公孙大娘"，这种简历固然能起到吸引人作用，但是因为口吻太不严肃，是很容易被第一时间淘汰掉的。不少职场新人在步入社会以后，依旧保持鲜明的个性，要么热衷于穿奇装异服，要么行事古怪、讲话直接，结果一次又一次地让他人无法接受。

我行我素是职场的大忌，职场是办公的场所，不是展示个性的地方，如果你太标新立异那么很有可能被集体所弃。

姜琳是某杂志社外聘来的高才生，有三年相关经验，所以杂志社高层对她格外重视。上班第一天，为了让她更快地熟悉杂志的风格，主编特地把最新一期的杂志样本递给她看，并让她多提一点意见。

不料，姜琳接过杂志后，看都不看一眼，还十分不屑地说："你们做的杂志，我从来就不看，你们的杂志品牌我根本就没听说过，所以也没有什么兴趣了解。"说完，啪的一声把杂志扔向一边，开始大谈当今时代怎么制作杂志才能吸引眼球、博得读者青睐，几乎完全无视主编存在。主编感到非常尴尬，只好悻悻走开了。

临近下班时，姜琳忽然要求加主编的私人QQ，主编不解，便向她解释说杂志社的办公人员在讨论业务时都是在公司的群里进行的，没有必要私下加QQ。姜琳对她的说法不加理会，执意要加私人QQ，主编问她为什么要这样做，哪知她却直通通地回答："因为你对我有用啊，我想跟你在私下里有更多的联系。"她的直率和实际，让主编哭笑不得，同事们都用异样的眼光看着她，私下里都说杂志社来了个千载难遇的怪人。

姜琳做事向来是我行我素的，从来不在乎别人感受，也不管别人怎么评论自己，所以大部分人都不太喜欢她。由于行事风格格格不入，她在办公室里一直扮演孤家寡人的角色。中午用餐的时候没有人愿意坐在她旁边，公司在开庆功会的时候，她总是远离人群和欢声笑语，仿佛自己就是个局外人。因为个性偏执，她和主编接连发生冲突，最后一次争吵使她直接断送了职业生涯。事情的经过是这样的：在安排排版工作时，主编直接给了她一套标准模板，谁知接到工作任务以后，她自己又设计出了一套花哨的模板，风格和原版大相径庭。主编说杂志要维持统一的风格，让她马上按标准流程去做，她不服气，执意按照自己的想法工作。最后事情闹到了老板那里，老板向办公室的员工询问情况，所有的人都站在主编的立场说话，姜琳当天就被开除了。

职场环境和校园不同，在学校，即使你特立独行、不合群，只要学习成绩优异，学业不会受到任何影响。职场则不然，你如果不遵守职场规则，不尊重企业文化，一味地强调自我，与团队格格不入，不管能力多么出众、思维多么敏捷，都不可能找到大展拳脚的平台的。不要以为自己年富力强、才智突出，就可以恃才傲物、随心所欲，做人不够格，无论做什么事情都将一败涂地。只有摒弃了自己幼稚的想法，不再太过任性和自我，慢慢成熟和成长起来，你才能为自己赢得一个更加美好的未来。

# 开拓进取，过多姿多彩的人生

初入社会时，年轻人大多胸怀大志、一腔热血，可是在职场打拼几年之后，就再也忍受不了动荡不安的生活了，一心想要稳定下来，于是有一份稳定的工作、每月获取固定的收入、能过上悠闲安逸的日子，便成了无数人最实际的梦想。如果中年人有这样的想法，我们是一点也不会吃惊的，他们毕竟过了血气方刚的年纪，精力已经大不如从前了，可是年轻人也要如此度日，且能安之若素，便有些反常了。

甘愿平庸无非是为了追求稳定。有的人认为每月领取几千块的工资、工作之余能抽空喝杯茶看张报纸就是稳定，或者有了一套房子、不用为日常开销发愁就是稳定，殊不知这种稳定在本质上已经跟牢笼没有什么区别了，因为你的人生格局已经被钞票和房子套牢了，你的追求也会因此而止步。如果稳定意味着一辈子从事自己不喜欢的工作，意味着心如死灰、麻木不仁地消极度日，意味着日复一日地重复同样的生活，那么你所追求的这种稳定，其实不过徒然是浪费生命罢了。

死水很稳定，春风吹不起半点涟漪，但里面终归没有活物，让人看不到任何希望。大海和瀑布从来没有稳定过，它们或波涛汹涌或一泻千里，总是喧腾不止，因此留下了壮美的华章。人活一世，最大的遗憾不是生活过于飘摇动荡，而是从来就没有精彩地活过。为了稳定，放弃了燃烧，为了安逸，放弃开拓进取，在风华正茂的年纪选择了徘徊不前，是一辈子也不会有出息的。

小敏一毕业就到一家小企业当起了文员，平时负责打打字、做做表格，一向清闲得很，虽然每天要在办公室里坐八小时，但那点工作她只要花三四个小时便做完了，余下的时间任凭自己安排，刷刷微博、聊聊QQ或者浏览一下五花八门的网页，一天时间就这么打发过去了。由于技术含量不高，小敏的工资也不高，每月只能领到2500元薪水，不过小敏觉得这份工作能旱涝保收，收入十分稳定，而且比较轻松，所以一直也没想过要尝试其他的事情。

同学聚会时，大家各自聊起了自己的经历，小敏觉得自己的生活内容乏善可陈，所以大部分时间都不开口，只是默默地倾听同窗好友眉飞色舞地讲述趣闻趣事，心里很是羡慕。有一位同学当了导游，游遍了国内的名山大川，足迹遍布五湖四海。另一位同学自己开了一家火锅餐厅，生意十分兴隆。还有一位同学成为了一名小有名气的摄影师，拍摄的多幅作品荣获了大奖。

同学七嘴八舌地讲完了自己的工作和生活之后，都不约而同地把目光转向了小敏。小敏局促不安地说："我跟你们比不了，我只是一个普通的文员，每天不是打字就是做表格，干的都是杂活，工资也不高，只有两千多。""那想过以后换工作吗？"有位同学问。小敏摇摇头说："没有，这份工作很稳定，我就喜欢过稳定的日子，为什么要换工作呢？"做了导游的同学忙附和说自己整天东奔西走确实很辛苦，不过能看到那么多美景，此生已是无憾，辛苦也算值了。开餐厅的同学说为了筹措资金开张，他几乎跑断了腿，不过看着生意一天天好起来，心里还是很欣慰的，因为他做成了自己最想做的事。做了摄影师的同学说，刚入行时父母竭力反对他做这份工作，认为这种工作不稳定也不靠谱，好在他一路坚持下来了，而今很多报社、杂志社都找他拍照片，他的摄影之路越走越宽。

小敏虽然羡慕同学能按照自己喜欢的方式生活，但是她忍受不了期间动荡不安的过程，所以羡慕归羡慕，她并不打算对自己眼下的生活做出任何改变。时光荏苒，一转眼她就步入 30 岁大关了，由于企业经济效益下滑，为了缩减开支，公司开始大范围地裁员，小敏在那次裁员风暴中被裁掉了，其工作岗位被行政人员取代了，公司里的很多职位都合并了。

离开公司后，小敏还想找一份文员工作，但是由于她年龄偏大，根本没办法跟那些比自己年轻的女孩竞争，况且文员的工作内容比较简单，一个新人用不了多久就能胜任这个岗位，小敏的工作资历并不能为自己加分。找工作屡屡受挫以后，小敏也想过改行，问题是除了打字和做表格她什么也不会，如此一来她更加茫然了，不禁后悔自己当初一心贪图安逸，忽视了成长，如今想要补救都晚了。

稳定只是一个相对概念，在这个世界上绝对的稳定是不存在的，正所谓世事无常，你的生活不会永远一如既往地维持原状，所以为了眼前一时的稳定而浪费大好青春是非常不值得的，这样做无疑是一种短视行为。事实上，在年富力强时，你只有不怕艰苦，肯磨砺自己，才能练就一身真本领，日后才能过上长久安定的生活。真正的聪明人，绝不会为了稳定把自己变成仅能在特定位置才能发挥作用的螺丝钉，而会把自己变成一个无论插到哪个主机上都能正常运转的万能 U 盘，这样的人不但能活得更加多姿多彩，而且未来会有更大的选择自由。

第二章

## 格局够大，才能形成强者愈强的"马太效应"

在这个世界上是什么力量能左右人一生的发展，又是什么因素能决定人一生的成败？这或许是一个见仁见智的问题。有人说是机遇，有人说是天时地利等多种因素。其实真正左右我们人生的并非是外界因素，而是我们自身意志锤炼出来的东西——格局。成大事者必然能统揽全局，懂得审局、布局，不会被动地被生活牵着鼻子走，也不会把希望寄托在百年难遇的机遇或侥幸得来的好运上，而会精心策划、步步为营地设计好未来的蓝图。

一个心中有大格局的人必然对自身有着清醒的认识，且能高瞻远瞩地看待问题，始终积极向上、开拓进取，所以才能在成功的道路上越走越远。只有拥有大格局，你才能成就大事业，成就自己非凡的人生。只有格局足够大，才能形成强者愈强的"马太效应"。

## 善谋全局者必先谋一域

生活中，我们常看到这样一种现象：许多成绩优异的大学生在社会上苦苦拼打数年以后，依旧一无所成；而那些成绩一般的学生却在各自的领域做得风生水起，有的还自己创业当了老板，闯出了一番事业。这是为什么呢？究其根源，主要是和他们截然不同的全局意识有关。

西方有句谚语说："在亚历山大胜利的根源里，人们总能找到亚里士多德。"意思是行动能否突围，取决于思想能否顺利破冰。常言道："不谋全局者不足以谋一域。"成大事者必须拥有全局意识和战略思维能力，唯有如此，才能绘制出宏伟的生命蓝图，避免陷入琐碎而又无意义的事务中。

在学校里名列前茅的学生，大部分都是天之骄子，所以初入社会时，必然对未来充满了美好的憧憬和不切实际的幻想。在规划人生时，他们有着高远的目标，也不缺乏全局意识，但是在某个具体的领域谋求发展时，抱负和理想往往会被现实中的一些困难所阻挠，不知不觉他们就从志向远大的青年才俊变成了只为了生计而疲于奔命的打工者。

在校成绩一般的学生，刚刚走上工作岗位时，虽然自信心没有那么强，但是他们对未来的发展也都有着清晰的目标。和那些天之骄子不同的是，在谋划全局时，他们把先谋一域当成了重中之重，因为他们非常清楚，自己必须先在一个合适的领域站稳了脚跟，以后才能有更好的发展。所以这些人无论是下海经商，还是当了技术人员，抑或是走向了其他的工作领域，都尽可能地扮演好自己的社会角色，经过不懈地奋斗和努力，许多人都取得了不俗的成就。

社会现实告诉我们，没有大局观，只关注自己眼前的半亩田，乐于偏安一隅，是不可能成就一番大业的。但只知道谋划全局，却不能为自己谋得一个合适的领域，不肯安下心来踏踏实实地扮演好自己所属的社会角色，同样也会一事无成。很多刚刚走向社会的年轻人，心中都装着一幅远大蓝图，但是当被问到凭借什么来达成目标，所能依凭的资本究竟有什么时，大多都会哑口无言。诚然，年轻人有抱负有理想是件好事，但空有一腔热血，只会高喊嘹亮的口号显然是不行的。要知道具体的行动才是改变你人生方向的砝码，谋全局时先谋得一域，以实际行动做出一番成绩，你才有资格高谈人生和理想。

周末，彭贺和吴飞结伴钓鱼。一个小时之后，彭贺已经钓上了好几条活蹦乱跳的大鱼，吴飞费了九牛二虎之力，却只钓上了一条小鱼。吴飞想不明白为什么，就虚心向彭贺请教钓鱼的秘诀。彭贺先让他讲述钓鱼的经过，然后再和他分享钓鱼经验。

吴飞说："我觉得钓鱼是靠运气的，我没办法一眼看出哪片水域鱼多，哪片水域鱼少，哪片水域有鱼，哪片水域没鱼，所以只要肉眼看到的范围，都是我的目标。我换了好几个垂钓的地点了，可就是钓不上大鱼，不知道究竟是哪里出了问题。"

彭贺说："钓鱼之前，你必须挑选一片水域，因为在不同的水域你能钓到不同的鱼。比如想要钓鲫鱼、鲤鱼，就要选择鱼塘、水库、小河边等淡水区，想要钓带鱼、鳕鱼、沙丁鱼就要到深海区去钓。就算是在同一个水塘里，鱼也不可能是均匀分布的，有的人能钓到大鱼，有的人只能钓到小鱼，所以选对水域是非常重要的。你需要反复斟酌比较，选择最合适的垂钓地点，才能钓到大鱼。我之所以能有这么多收获，就是因为选对了水域，经过长时间地观察分析，我对这里的水深情况和藻类的繁殖情况有了最基本的了解，所以知道此处必有大鱼。接下来我要做的是扮演好钓者的角色，利用自己平时所学的垂钓知识，充分发挥自己的专长，这样就算是眯着眼晒太阳，也不愁钓不上大鱼啊。"

人生就好比钓鱼，有全局眼光固然很重要，但布局也很重要，只懂得在战略高度上欣赏风景是不行的，你必须为自己选一片适宜的水域，才能有所斩获。有时候，你之所以发展不好、怀才不遇，不是因为缺少机会，也不是因为没有雄心壮志，而是因为没有充分准备好。在高谈理想时，先为自己谋一片水域，是你必须考虑的问题。只谋全局不谋一域，盲目地尝试，盲目地付出，到头来都是空忙一场。仔细观察你会发现，任何一个善做大事者都不是理论家和空想家，而是不折不扣的行动派和实干家，身在职场，只懂战略是不够的，你还要学会掌握必要的战术要领，因为它是你立于不败之地的前提。

## "高瞻"还需"远瞩"，看得远才能走得远

"站得高，看得远"是一个基本常识，道理虽然非常浅显，但它所富含的寓意却一直为人所津津乐道，唐代诗人王之涣曾用"欲穷千里目，更上一层楼"的千古名句表达自己的胸襟抱负；诗圣杜甫更是用"会当凌绝顶，一览众山小"来形容山巅之下的无限风光；伟大科学家牛顿也说过"如果我比别人看得更远些，那是因为我站在了巨人的肩膀上"。由此可见，"站得高，看得远"是被很多人所认可的颠扑不破的真理。

在当今社会，站得高，看得远是否还是在任何情况下都放之四

海而皆准的真理呢？对此，在一档求职栏目中有人提出了质疑。在栏目中，一位老板向求职者提出了这样的问题："你认为站得高和看得远，哪个在前，哪个在后？"求职者不假思索地回答："站得高在前。"老板不以为然地说："职场不是这样的，看得远的人才能站得高。因为站得高时，谁都能看得远，那时你就凸显不出来了。什么样的人才能凸显山来，成为佼佼者呢？就是那种站在同样高度上看得比别人更远的人，老板认为这样的人是可造之才，自然会把他放到更高的位置上。"

对于有上进心的广大青年来说，抢占制高点当然是十分重要的，但问题是没有人可以一步到达登峰，我们大部分时间都是在做着向上攀登的努力。我们今天所占据的高点只代表现在的成绩，以后是能攀得更高还是会走下坡路都是未知的，在这种情况下，只有具备超越常人的眼光，看得比别人更长远一点，才能保证自己在激烈的竞争中永远走在前列，永远被看成是最不可多得的人才，如此一来，还用担心升不到更高的位置上吗？

索尼公司的创始人盛田昭夫在经营管理方面，一直被认为是英明决断的，因此被赋予了"经营之圣"的美誉，但他晚年时策划的一起并购案多年来却一直饱受争议，谁也没想到他会斥资48亿美元一举收购了哥伦比亚电影公司以及关联公司，在多数人眼里，这是个疯狂而又冒险的举措，而且以每股27美元的价格收购对方股价为12美元的股份，是非常不划算的。人们认为盛田昭夫老了，所以才做出了这种愚蠢透顶的决策，索尼公司的未来很有可能就这样被毁掉了。

果然，哥伦比亚电影公司被纳入索尼公司旗下以后，成为了日本亏损最严重的企业，索尼公司因此受到了拖累，盈利能力越来越差，财务状况也大不如从前了。长期以来，商界人士都把这起并购案当成反面教材来宣扬。直到进入了20世纪，人们才逐渐了解了盛田昭夫亏损并购的真正意图，他以牺牲眼前经济利益为代价，为索尼留下了最有价值的东西——视听音乐。

发展至今，索尼在业界依然保持着强有力的竞争力，公司围绕着家庭视听娱乐打造出了完整的产业链赫然完善的商业体系，使其在家庭电子娱乐领域一直独占鳌头，处于领先地位。多年以后，人们再次提到那起并购案时，不得不佩服盛田昭夫的眼光和胆识，正是因为他比同行看得更长远，才为索尼找到了可以长久依赖的立业之本，不管时代怎么变幻，索尼公司的影响力毫不衰减，而且依旧保持着旺盛的生命活力，这一切都应该归功于盛田昭夫。

无论你站在哪个高度上，只要具备了好眼光，就仿佛拥有了一副望远镜一样，不但有了更清晰的视野，而且可以看得比别人更远，在这种条件下，当然更适合胸有成竹地谋划事业了。要知道，在高度上，你不可能马上达到极限，如果预备在事业达到顶峰时再放眼远望，那么恐怕要等上半个世纪了。所以决不能让自己的眼界被高度局限住，必要时，要为自己配副望远镜，一定要让自己看得更远一些。在竞争对手云集的情况下，不要奢望自己一定比别人站得更高，当别人的实力与你势均力敌时，你未必有能力成功抢占制高点，但是如果你的眼光能超前一点、放长远一点，既能"高瞻"又能"远瞩"，那么在未来的某一天，你所在的高度一定会超越所有人，在最后的决赛中胜出将会成为最没有悬念的一种结局。

# 有大心胸者，人生必有"大手笔"

雨果说："世界上最宽广的是海洋，比海洋更宽广的是天空，比天空更宽广的是人的胸怀。"的确，天地再大，可以存乎一心，宇宙辽阔，可以浓缩成心中的一个节点。世界上最宽广最博大的乃是人类的心灵。一个人若是虚怀若谷、襟怀坦荡，是可以包纳整个天下的。

历史上，任何一个主宰时代沉浮的雄略之主，都有海纳百川的雄伟度量，他们能够叱咤风云，成就一番惊天动地的事业，皆得益于超乎常人的气量、度量和风度。齐桓公重用和自己有一箭之仇的能人管仲，终成一代霸主，李世民不计前怨启用魏徵，终成一世明主。由此可见，有大心胸者，人生必有"大手笔"。在当代，这种信条依然是十分实用的。著名爱国华侨领袖陈嘉庚说过："你得不到你容不下的东西。如果你的房子太小，不得不将财宝堆在外面，那样迟早会失去。这是个显而易见的道理。这就是说，你的心胸有多宽广，才有可能做成多大的事业。"凡做大事者必有容人之量、容人之德，懂得宽以待人，如此才能得到众人的爱戴和拥护，成为受人尊敬的领袖。

川田先生是日本杰出的企业家，他身兼数职，既是三菱总公司董事长、三菱银行总裁，又是明治保险公司的董事长，在商界具有极高的声望和地位。然而这位大人物在被一个籍籍无名的保险推销员斥责时，居然包容了年轻后生的无理，还主动为两个人的争执道了歉，这样的胸怀在整个日本企业界乃至全球商界都是极为少见的。川田先生的为人和品行也因此成为了更多人效法的榜样，人们在佩服他所取得的成就的同时，更加佩服他的心胸和度量，所以对他就更加崇敬和钦佩了。

据说，明治保险公司旗下有一个叫关治的推销员，拟订了一个特别的推销计划，那就是直接向大名鼎鼎的川田先生索要一份日本大企业高管的名单，然后把这些人作为潜在客户，直接向他们推销保险产品。根据预约的时间，关治来到三菱财团总部求见川田先生，没想到约见川田先生的人非常多，他只好慢慢等待，等着等着居然不知不觉睡着了。

不知过了多久，关治才被叫醒。川田先生看到这个年轻人居然在办公地点打瞌睡，对他的印象非常不好，便语气生硬地问道："找我有什么事？"关治感到十分尴尬，结结巴巴地说起了推销保险的计划。川田先生对这项计划没什么兴趣，便打断他说："你以为我会为你向各大高管介绍保险这玩意儿？"

年轻气盛的关治听到有人把保险说成了"这玩意儿"，立刻被激怒了，怒火中烧的他居然对川田先生破口大骂："你这混账家伙！居然说'保险这玩意儿'。保险难道就不是公司的业务吗？亏你还是明治保险公司的董事长。我回去以后，会把你说过的话一字不差地转达给全体同人，看他们会怎么想。"说完，他头也不回地离开了。

川田先生从来没有被这样羞辱过，在商海中历尽沉浮的他，居然被一个毛头小伙子辱骂了，他真不敢相信这种事情居然在自己身上发生了。起初川田先生非常生气，不过冷静下来一想，自己刚才确实食言了，他不该贬低保险业务，而且那个小职员拟订的推销计划确实不错，说不定真能促进公司业务的增长。这样一想，川田先生很快小气了，当天晚上他就给那个小伙子写了一封语气诚恳的道歉信："今天，你特地来找我谈推销保险的事情，我实在是老糊涂了，没有好好地善待你，实在是失礼。明天正好是周末，若是你不嫌麻烦，还望能到舍下叙谈。"

第二天，川田先生友好地接待了关治，还专门为他定做了皮鞋和服装，并对他说："一个优秀的保险推销员必须得有像样的外表才行。"关治非常感动，想起昨天的无礼行为，更是羞愧难当，他诚恳地向川田先生表达了歉意，并承诺以后会更加努力工作，决不会让董事长失望的。这个年轻人说到做到，在此后的 15 年里，他一直蝉联全国推销冠军，成为了人们口中的"推销之神"，给川田先生旗下的明治保险公司带来的巨额利润和难以估量的荣誉纪录。

常言道："心胸不似海，又怎能成就海洋的事业？"一个人的胸怀大小和事业的大小是成正比的。成大事者必须要有做大事的度量，这样才能团结一切可以团结的力量，把企业做强做大。

## 小池塘里做大鱼，大池塘里也要做大鱼

你是愿意做大池塘的小鱼还是做小池塘的大鱼？这是一个见仁见智的问题，恐怕很难有一个统一的答案。大池塘象征着规模庞大、财力雄厚的大企业，那里人才济济、精英众多，管理比较完善，体制也更加健全，福利待遇相对较高，所以它是很多求职者梦寐以求的地方。小池塘象征着规模小、人员少、机动灵活的小企业，相较而言，小企业在管理、薪资、环境等各方面与大企业都不可同日而语，不过因为竞争没有那么激烈，你的成长空间比较大，只要你足够努力，比较容易成为骨干人才。那么面对这两种格局，我们该如何选择才好呢？

其实无论你选择了大池塘还是小池塘并没有那么重要，最重要的是让自己成长为其中的大鱼。有些求职者虽然有幸被大企业录用了，然而由于公司人才太多，一直找不到脱颖而出的机会，几年下来依旧在默默干基层工作，职业发展受阻，日后恐怕还是难以摆脱做小鱼的

命运，这样下去，是不可能实现自己的人生价值和人生理想的。事实告诉我们，一旦选择了大企业，你就不能甘于永远做小鱼，大企业有更高的平台和更优秀的工作伙伴，这些都是无价的资源，你一定要充分利用好，逼迫自己在激烈的竞争中成长为真正的大鱼，否则你永远都不可能出人头地。

由于大企业的门槛太高，不是所有人都能如愿获得一份入场券，进入不了大企业，走进小企业，其实也是一种不错的选择。俗话说，麻雀虽小五脏俱全，小企业虽然规模不大，但是功能齐全，能够让你得到全方位的锻炼。刚入职时，也许你只是一条不起眼的小鱼，不过因为没有太多大鱼和你争抢饵料，你是很容易变肥变大的。小企业最大的优势就是可以很好地培养人的综合能力和灵活应变的能力，你只要用心学习，踏实肯干，是比较容易成为一个全面发展的综合型人才的。需要注意的是，即使在小企业工作，你也不能轻易懈怠，虽然那里不像大企业那样群星闪耀，你发出一点光芒也会分外耀眼，但是如果你连发光的能力都没有，那么一样不会有出头之日。总之，无论在大企业还是在小企业，实力永远是最重要的，有了实力你才有资格成为大鱼，否则一切都是空谈。

有一家知名的汽车工业企业曾经在电视上公开招聘营销主管，经过层层筛选，最后一轮测试只剩下了三位应聘者。企业高管向他们提了这样一个问题："你是想做小池塘里的大鱼，还是大池塘里的小鱼？请说明原因。"

1号应聘者和2号应聘者都表示自己愿做小池塘的大鱼，原因是大池塘鱼群太大，竞争残酷，自己得到提拔和重用的机会太少，做小池塘里的大鱼，能获得更多的锻炼，晋升相对比较容易。3号应聘者说愿做大池塘里的小鱼，理由是大池塘能带给自己更多的挑战，从顶尖的人才身上能学到更多的东西。

这时主持人将目光转向了3号，毫不客气地问道："你连小池塘里的大鱼都不屑于做，还有什么资格进入大池塘呢？"面对如此犀利尖刻的措辞，3号一时不知如何作答。紧接着，主持人又对1号、2号发起了猛烈的进攻，大声对他们说："这里是现场直播，也许你们的老板和同事正坐在电视机前观看这期栏目，所以面对他们，你们必须诚实地回答，目前你们应聘的这家企业，和你们原来供职的公司相比，究竟是大池塘还是小池塘？"

这个问题非常难回答，如果把自己原来供职的公司比喻成小池塘，无异于自贬身价，但若把原来的公司说成是大池塘，那么就等于把目前应聘的企业看成了小池塘，这样说无疑会引发招聘单位的不满。无论怎么回答都是不妥当的。1号为了讨好用人单位，张口就说："我应聘的企业当然是大池塘。"主持人反驳道："你不是说自己想做小池塘里的大鱼吗？现在又说想进入大池塘，这不是自相矛盾吗？"1号被驳斥得哑口无言。

2号在面对同样的问题时，沿用了1号的说法，不过他对自己的回答做出了更让人信服的解释："我应聘的企业在规模、科技、品牌等各方面，和我以前工作的单位相比，确实属于'大池塘'。但是它和驰名全球的名牌企业相比，其实还是一个'小池塘'，我希望能和诸位同人们一起把这个'小池塘'做强做大，让它变成让全世界刮目相看的'大池塘'。我希望这家企业能冲出国门，走向全世界。"2号精彩的回答赢得了现场热烈的掌声，他的表现让其他两位竞争者黯然失色。

小池塘、大池塘不过是一种相对概念，池塘不在大小，关键在于是否能让你施展抱负、自由游弋。有道是"海阔凭鱼跃，天高任鸟飞"，只要你有胸襟、有气魄，心中有一个大格局，无论在哪种环境中，都是有希望成长为一条大鱼的。

## 突破自身局限，投身更广阔的天地

现在的年轻人由于大多是独生子女，从小就是家庭的核心，集万千宠爱于一身，养成了骄纵任性、以自我为中心的毛病。初入社会后，这些被奉为"掌上明珠"的小公主们以及被宠坏了的小皇帝们，大都表现得很不适应，他们不是缩在自己的小天地里孤芳自赏，就是无法融入更广阔的世界，一心想要待在自己的城堡里自娱自乐。

很多职场资深人士认为，当今的年轻一代分享能力较差，缺乏与他人真诚沟通的意愿，一切以自我为中心，只在乎自己是否开心，根本不关心大局，也不在乎别人的意见和想法，久而久之，就变成了不受欢迎的独行侠。当代年轻人身上虽然有不少问题，但也并非一无是处，和父辈们相比，他们普遍有自己独立的想法，且血气方刚、有胆识、有魄力，敢作敢为，这些特征和品质都是作为优秀的成功人士所不可或缺的，如果他们能突破自身的局限，从自我的小格局中跳出来，主动融入团队、融入社会，投身于外面更广大的天地，其实还是很有可能大有一番作为的。

名校毕业的谢莹现在供职于一家大型金融企业，回顾自己在职场三年多摸爬滚打的经历，她不禁满腹委屈。她自认为干活她是最勤快最主动的一个，加班时长足以和那些资深的老员工相比了，可是升职、加薪的好事却从来都轮不到她，眼看后进入公司的新人在待遇上都已经超过自己了，谢莹更是满心懊恼。她真不明白为什么世界就这么不公平，偏偏让自己怀才不遇、郁郁不得志呢？

有一次她向一位好友诉苦，好友不但不同情她，反而说："这都是你自找的。你这个人在能力和智慧方面不比别人差，但就是太封闭、太自我了。"谢莹不服气地说："我只想活得真实一些、自我一些，难道这也有错吗？为什么就没人能理解我呢？"

谢莹确实对外界没有什么热情，她喜欢独立工作，不愿意被任何人打扰，心想假如工作能一个人完成，又何必浪费时间和别人打交道呢？谢莹的工作能力的确很强，大多数情况下，都能出色地完成工作任务，可是一个人即便能力再大，也终归是势单力薄，由于不肯和别人合作，其工作进度总是滞缓。有时遇到棘手的问题，就算自己解决不了，她也不愿意向任何人寻求帮助，偶尔有好心的同事想要出手援助，都被她婉言谢绝了。此后再也没有人愿意接近她和帮助她了。有时大家眼看着她一个人焦头烂额、手忙脚乱，不仅袖手旁观，而且幸灾乐祸。一些善良的同事看到她这个样子，总是摇头叹息，想要出手相救又怕被拒绝，只好任由她独自挣扎了。

主管和老板对谢莹都抱有同样的看法，认为她虽然有一定的工作能力，也比较有想法有胆识，但凡事都喜欢单干，有些自以为是，遇到问题时不肯和大家合作，一个人解决不了却要死撑到底，这样下去，是不可能有什么工作成果的。两人都不看好谢莹，所以在调整人员结构时，就算出现了空位，也从来没有想过要让谢莹晋升到更高的位置上。三年过去了，谢莹依旧在原地踏步，展望未来时，内心一片茫然。

像谢莹这样的独行侠大多都具有自闭和自恋的双重倾向，这类人自恃能力超群、才华出众，以为仅凭一己之力就能擎起一片蓝天，所以不愿意与别人合作，也不想和别人分享成果，只想独自打天下，赢得属于自己的勋章和荣耀。殊不知作为一个个体，力量再强、能力再大，所聚集的能量也不足以和集体相提并论，离开了团体，其实你什么也不是。正所谓"独木难成林，单丝不成线"，个体如果脱离了集体，脱离了广大的天地，即便能大放异彩，其光芒也不会持久的。有句名言说得好："要想一滴水永不干涸，唯一的办法就是将它放入大海。"一滴水纵使能折射太阳的光华，本质上仍然是一滴水，不肯投身大海，很快就会蒸发。人亦如此，只有成为环境中的一分子，才能拥有更广阔的世界。

## 把握未来从规划未来开始

在规划未来蓝图时，人们通常会热血激昂，可是冷静下来，又会感到分外迷茫。想要创业，没有资金；想要找份好工作，缺少相关经验和阅历；想要突破发展瓶颈，来个华丽的三级跳，又缺乏必要的条件。未来何去何从，以后的路又在何方呢？这种既带点哲思味道又十分现实的问题，不知曾经让多少人困惑不已。

其实只要你有格局意识，一切的问题都不是问题。没有钱，你可以通过自己的双手去赚；没有经验、没有阅历，你可以通过社会实践一点点积累；升职加薪受阻，缺少支撑自己跳级的条件，你可以通过提升自身实力创造条件。总之，缺什么都不可怕，人生最可怕的是对未来没有规划，被现在的格局死死限制住。毕业五年如果你还是一头雾水，感到迷茫，那么头十年里你都将在恐慌中度过，职业生涯的20年里，你也许都在苦苦挣扎，更可怕的是你极有可能一辈子平庸。未来虽然存在着很多的不确定性，但却有无限的可能，你人生的走向就取决于你对未来的把控。如果你想更好地掌控未来，那么必须对未来有所规划。

楚凌在走出校门之前，不知道自己想做什么，也不知道这辈子想要什么，只想走一步看一步，一切随遇而安。看到同学蜂拥般地考证，她也跟着考证书，第一次不通过她就考第二次，有的证书是她一连努力了三次才拿到的，可是这纸证书有多少含金量，又有多大价值，她从来没有认真考虑过。

有一天，老师突然找她谈话，问了她一个很严肃的问题："你对目前的生活满意吗？"楚凌低头沉思了一会儿，摇了摇头。老师似乎早就料到她会如此作答，于是便笑道："你对现状不满意，说明对未来还有期待。你现在想象一下，十年之后你会变成什么样子。"老师讲话虽是轻声慢语，但楚凌听了，心情却十分沉重。表面上她依旧波澜不惊，但内心早已风起云涌、波涛翻滚了。

沉默了良久，楚凌说："我想成为知名杂志的美术总监。"老师问："你确定吗？"楚凌用力点了点头。老师又问："你是早有这样的打算吗？"楚凌如实回答说："没有，以前我对未来没有任何的规划。这个目标是我刚刚确定下来的。我喜欢画画，也喜欢杂志，所以才有了这样的想法。"

老师说："十年之后你30岁，那时你已经是一家大型杂志社的美术总监了，那么在27岁的时候，想必你对市场行情已经有了深入的了解，你主持编纂的杂志已然可以作为同行的风向标了，想要做到这点，你在25岁的时候就需要积累足够的经验，23岁的时候你必须接受各种磨砺，一步一个脚印地为未来打基础……"

老师轻描淡写地为她勾勒了一个既模糊又清晰的未来，她感到很有压力，如此算来，现在她就要为自己以后的日子做准备了，可是目前她什么都不懂，除了书本上的那点知识，她对社会和世界的了解真的十分有限。老师似乎看穿了她的心思，就鼓励她说："你现在最大的问题就是对人生缺少规划，只要你确定了目标，从现在开始努力奋斗，一切就都还来得及。"

十年以后，楚凌如愿成为了某知名杂志的美术总监，其职业历程是这样的：毕业以后她进入了一家普通的杂志社，掌握一定的专业知识，对市场行情有了把握之后，跳槽进入了一家更有发展前景的大型杂志社，然后从基层一步步晋升，最后升到了美术总监的位置。想起十年前和老师的对话，楚凌有一种恍如隔世的感觉，不过可以肯定的是，如果当初没有老师的一番悉心教诲，她根本就不可能取得今天这样的成就。

人生究竟有几个十年呢？你是否认真问过自己，十年之后你会变成什么样子。如果你对自己的未来没有规划，恐怕十年以后依旧在浑浑噩噩地度日，未来的格局和现在的格局没有什么两样，明天只不过是今天的延续和重复而已。及早做好职业规划，就好比登上了一艘虚拟的飞船，即使将来它无法把你送达到月球，但至少可以载着你驰骋世界、遨游天地。

## 敢想敢干，成为行业翘楚

俗话说得好："三百六十行，行行出状元。"行业没有等级之分，劳动也确实没有贵贱之别，只要你真的是一粒被淬炼过的金子，无论到哪儿都能发光，从事哪个行业都能成为里面的状元，那么就不可能产生被大材小用的感觉。比如一个收废品的高才生，若干年后成立了废品收购公司，摇身一变成为了坐拥千万资产的企业家，谁又会说他是被大材小用了呢？那些具有敏锐的市场眼光，敢打拼敢冒险的人，即使在最平凡岗位上，也能做出让所有人刮目相看的傲人成就。

英国有一位高学历的洗车工，表面看来和其他的洗车工没有什么不同，他每天穿着中规中矩的制服，总是在跟清洁剂、车蜡之类的瓶瓶罐罐打交道，工作内容除了洗车还是洗车，但是别人洗一次车的酬劳仅有五英镑，而他每洗一次车，获得的报酬居然高达 7200 英镑，收入是同行的上千倍，简直可以算得上是金牌洗车工了。那么他是如何做到这点的呢？

据说这名洗车工毕业于伯明翰大学，学的是会计专业。他从小就对洗车产生了浓厚的兴趣，不仅把自己家的车擦洗得一尘不染，还常常热心地帮助邻居们洗车。对他来说，洗车不是一项苦活脏活，而是一种莫大的乐趣。大学一毕业，他就干起了洗车的行当，把自家的车库改装成了配有专业修车坑道的高级洗车房。

这名金牌洗车工洗车有自己的一套专业流程，首先他会用去污剂清除车身上的污渍，随后用一块浸过中性洗涤剂的高档羊毛布将车体擦拭干净。擦洗车身的水水温被严格控制在 40℃～140℃ 之间。洗涤车轮时，蒸汽的温度被严格控制在 150℃。将整辆车清洁完毕以后，他会用特制的吹风机烘干车体，然后给车打蜡抛光，还用一种特别的黏土裹在车蜡上。整套程序要连续重复五次。

经过他处理后的车辆，即使用一台高倍显微镜观察，也看不到任何刮痕和污渍了。他的洗车技术和洗车服务在这个行业里无疑是一流的，很多人驱车好几百里专门请他为自己洗车，无论是赛车手、运动员还是商界名流纷纷把自己的爱车交给他保养，他的名气越来越大。人们都说经他洗过的车，不仅焕然一新，而且看起来就像一件艺术品那样灼灼闪光，就这样，他的客户越来越多，终于在小小的洗车行里做出了一番大事业。

这位金牌洗车工之所以能从洗车行业里脱颖而出，凭借的是独到的商业眼光，他知道人们需要的不只是普通的洗车服务，对于爱车一族来说，车辆美容和车辆保养同样非常重要，于是不仅拓宽了自己的业务范围，还把各项工作做到了极致，给客户提供了一系列最专业最顶级的服务，口碑和技术都得到了市场的认可。

这则故事告诉我们起点低不要紧，不能进入高新技术行业也不要紧，只要你不甘于永远默默无闻，敢想敢干，能够把别人做到的事做好，把别人做好的事做到极致，尽可能满足市场和社会所需，那么就能成为行业里的翘楚，实现大材被大用的理想。

## 精英时代，谁是真正的职场牛人

精英时代，谁是真正的职场牛人？以发展的眼光看，未必是那些现在身居高位的人，也未必是那些薪水丰厚的人，而是那种善于做全局规划，能够走一步看三步的人。正所谓："预则立，不预则废。"你只有看清时局，事先了解事物的发展趋势，在做事时做好周密的计划，才能步步为营地实现自己的目标。

很多人害怕做计划甚至排斥做计划，理由是有了计划，就不能像以前那样无拘无束、自由自在了，工作的热情和创造力也将受到抑制。对于从事创意工作的人，这条理由似乎很有说服力，因为灵感是在偶然的瞬间迸发出来的，你只有在自由随性的状态下，才能激活自己的创造力。但事实是，自由和约束并不是完全对立和矛盾的，计划虽然在一定程度上限制了创作自由，但约束和限制对于创意性工作其实也是大有好处的。比如唐诗宋词讲求韵律，因此而朗朗上口、雅致精妙、意境迭出。对于传统的常规性工作而言，事先做计划就更是必要了，不愿做计划的人多半比较懒散，可能是在找借口回避压力，抱着这种心态工作，是什么事情也做不好的。

有人说："现在这个世界变化得很快，计划永远赶不上变化，我们浪费那么多时间做计划，不是在做无用功吗？"的确，时间不是静止的，任何事物都处在变动之中，以不变应万变显然是不行的。然而计划不是死的，在执行过程中，我们可以根据实际情况随时对它做出变更和调整。或许有人依然觉得预先做计划没有必要，认为到了关键时刻，只要随机应变、灵活处理就行了，何必非要做计划呢？毕竟思维再严密的人也不能把可能出现的情况全部考虑到。

其实计划只是框架，尽善尽美的计划是不存在的，但是在具体的工作中，不去预先做计划又是万万不可的。譬如作画，你必须先构图、先勾勒出框架，才能起笔创作，不肯构图，连轮廓线都没有描绘出来，就直接运笔细描人物的头发或是某个精巧的佩饰，这是不科学的也是不合理的，只有外行才会那么做。看过美剧《越狱》的人，在被那些跌宕起伏、紧张刺激的故事情节打动的同时，经常会为男主角捏一把汗，因为无论他的计划有多么周密，总有些突发性的意外情况出现，迫使他一次次对原计划做出修正，尽管如此，最后他还是带着哥哥逃出生天了。他能成功，主要在于无论具体计划怎么变，总计划并没有改变，正是凭借那套严谨可靠的计划大纲，他达成了自己的目的。可见想要达成目标，计划是不可或缺的一环。

杜涛和范宇是大学同学，也是一对好朋友，两人供职于不同的公司，都晋升到了管理层。刚刚升迁到主管位置的杜涛感到很不适应，他把自己在工作上遇到的问题告诉了范宇，并虚心向其请教说："我在做项目的时候，总要事先做一些计划，可是很多计划都中途夭折了，你觉得这样的问题该怎么解决？既然那些计划执行到一半都泡汤了，是不是意味着之前付出的努力都白费了，我是不是该边走边瞧，以后不再浪费时间做那些该死的计划了？"

范宇说："人们都说'计划赶不上变化'。你做的计划之所以执行一半就得废弃，是因为变化在起作用，致使原计划和实际脱节，造成这种结果的原因在于你所做的计划不够严密。我们在做计划时依据都是过往的经验，可这些经验并不足以让我们学会准确预估未来的情况。譬如你打车时，司机会问："你想走哪条路，是选最短的还是最快的？"根据以往的经验，你会想当然认为最短的路一定是最快的路，但事实并非如此。因为随着经济的发展，有车族越来越多，人们为了节省时间，都想走捷径，结果大家都选择了同样的路线，造成了交通拥堵，所以选择最短的那条路比我们绕路走花费的时间还多。所以我们在做计划时需要把各种问题事先考虑到，当然其中有很多因素是无法估计和预料的，这就需要我们留出一定的可调整的空间，以便在日后执行时根据实际情况做出修正。"

听了范宇的话，杜涛恍然大悟，从此他再也不为计划中途夭折而烦恼了。由于做出了更合理更严密的计划，部门的执行效果不错，遇到问题时也能及时解决，杜涛因此多次受到公司高层领导的表扬，他对自己的能力也越来越有信心了。

现在我们知道，高效执行离不开严密的计划，那么我们该如何做出一套行之有效的工作计划呢？首先我们必须要明白所谓的工作计划并不是简单地拟写大纲，计划的内容比形式重要，一份工作计划做的是否合格考验的不是你的措辞能力，而是你是否能做出富有预见性的规划。好的计划可以起到未雨绸缪的作用，能让你对可能出现的错误和可怕后果提前有所准备，把错误消灭在萌芽状态中。失败的计划则是救火式的，灾难和错误已经发生了再匆忙处理，这样的计划是没有价值的，因为它无益于挽回损失。

一份完整的工作计划通常包括四大要素，它们分别为：工作内容、工作方法、工作分工、工作进度。你必须明白公司、部门、个人要做什么，通过什么途径和方法达成目标，每个人是如何分工的，互相之间该如何协调以及在某个时间段要完成多少工作量。需要注意的是，计划必须切合实际，目标不能太模糊、太笼统，最好能够量化和细化。你的工作计划应该是可以灵活调整的，你需要预先为自己留下可调整的空间和范围，这样当计划偏离实际时，你可以及时做出修改。还有一点非常重要，计划在执行过程中是需要及时跟进的，落实计划决不能拖拉，要严肃对待计划中的每一个步骤，不要把它看成一纸空文，如此计划才能更好地指导行动。

# 别对自我设限，适应新形势

在全球经济一体化的今天，国与国之间、地区与地区之间的交流日益密切和频繁，不同文化、不同思想的交融与碰撞更是促成了世界的多元化格局。作为一个个体而言，只有具备开放的心胸、开放的思维才能适应新形势，成为社会需要的高精尖人才。

那种故步自封、自我封闭、自我设限的人已经不能适应社会发展了，若是一味抱残守缺、不肯睁开眼睛看世界，不但难以有所成就，甚至连在社会上立足都困难。在国内，绝大多数成功的企业家都有一个开放的心态，正是因为有了开放的观念、开放的胸怀，实践了开放的人生，他们才有了辉煌的现在。

一个人只有拥有开放的心态，才能看到更壮阔的美景。正所谓"要看银山拍天浪，开窗放入大江来"。我们和美景之间不过是隔了一扇窗，打开窗子，封闭的空间便得以开放，我们的心境也将豁然开朗，在新鲜凛冽的空气涌来之时，另一个世界将以恣肆磅礴、排山倒海的气势呈现在我们面前，彻底颠覆我们对世界的认知。

开放，对于我们每个人来说都意义深远，它不仅意味着我们要打破现有的疆界，孜孜不倦地汲取新知，还意味着我们会站在更高的角度和更开阔的格局上审视一切，在这种情形下，我们对于自身、对于固有的传统及价值观都有可能产生新的看法，我们深信不疑的很多东西都极有可能被否定，取而代之的将是新观念和新想法，这个过程会促成我们的进步、蜕变和成长，也将为我们开启一个崭新的明天。

有一部名叫《扶桑花女孩》的日本电影，据说是改编自日本东北小镇上发生的真实故事。影片讲述的是一个靠煤炭产业支撑的小镇，居民全都靠挖煤为生。后来煤矿公司的效益越来越差，公司采取了两大措施：一是裁员，二是打造新型度假村，依靠旅游经济拉动当地就业。

公司给度假村取名为夏威夷。这是因为日本东北气候恶劣，冬季更是异常寒冷，夏威夷能让人联想到美国风光旖旎的热带岛屿，令人一听就欣然向往。这个温暖的名字对于饱受严寒摧残的游客来说是非常具有吸引力的，所以案名一经推出，就顺利通过了。既然度假村的名字叫夏威夷，那就必须富有异国情调和热带风情，当地的特色草裙舞表演更是必不可少了，公司策划部思索一番之后，决定聘请一位舞蹈老师教年轻的女孩跳火辣奔放的草裙舞，以此展现夏威夷风情。

小镇上的居民听到这个决定，大多感到难以接受。大家本来对裁员一事已经很不满意了，听到公司想让年轻女孩大跳热舞，更是气不打一处来，所以严令禁止自己的女儿前去报名。起初，前来报名的人寥寥无几，煤矿公司根本就凑不齐一支舞蹈队。迫于压力公司开始大范围裁员，小镇居民的日子越来越难熬。有些年轻的女孩为了减轻家庭的负担，不顾上辈人的反对，执意要加入舞蹈团。

有个女孩凭借着优美的舞姿和精湛的舞技成为了舞蹈团的台柱，她的妈妈看到了她精彩的表演，彻底改变了对舞蹈的看法。以前这位母亲认为，只有挖煤才是正当工作，跳舞是不入流的事情，现在她才意识到跳舞也是一份值得尊重的工作，舞蹈可以娱乐身心，给别人带来快乐，同样是有价值有意义的。这位母亲思想转变了以后，全镇上的人的想法也开始改变了。大家纷纷鼓励自己的女儿报名参加舞蹈培训，度假村风风火火地办起来了，旅游业的兴旺拉动了当地经济的增长，小镇又焕发出了新的生机。

故事中的小镇居民显然是保守落后的，他们宁愿失业在家，宁愿眼睁睁地看着小镇因为煤炭产业的衰落而没落，也不肯接受外来的新事物，坚持要保留旧传统和旧观念。最后这个岌岌可危的小镇是因为由封闭走向了开放，才最终由凋敝走向了新生。这则故事告诉我们墨守成规、画地为牢，就会落后于时代和社会，所以我们不能对外界封闭自己，而要勇于打破自我障碍，敢于放开以往的一切，以一种全新的心态面对新时代和新生活，成为社会所需要的具有先进新思想的高端人才。

## 缺乏进取心，就如同生命里缺少了"维生素"

在大多数公司都存在着两种人：一种人每天按时上班打卡，按时下班回家，过着"当一天和尚撞一天钟"的日子，从来就没有想过要改进自己的工作或者让自己的人生进入崭新的阶段，这种人一辈子也不会给自己更不会给别人带来任何惊喜；另外一种人不安现状，始终怀有进取之心，每天都在朝着更高的目标努力，这种人显然收获更多，成功的概率也更大。

无论从事何种工作，进取心都是一个人走向成功必不可少的要素。人的成才过程就好比顽石被雕琢成璞玉的过程。一块石头在遇到一流的石匠前是没有进取心的，它静静地躺在幽静的山谷中，任凭岁月将天地改换。直到有一天它遇到了一双巧手，才不甘于再做朴实无华的石头，于是忍受着千锤万凿的疼痛，一点一点地呈现出光泽和华彩，直到被打磨成一块巧夺天工、价值连城的璞玉。可见，拥有进取心，必须要有那么一股不甘的精神，只有心有不甘，永远不满足，我们才能努力上进、自强不息，成为更好的自己。

人们常说"天行健，君子以自强不息"，"功夫不负有心人"，只要肯下苦功夫，积极开拓进取，就能"有志者事竟成"。也就是说想要有一番作为，必须要有大心胸、大气魄，永不知足，勇于超越和突破。事实证明，确实如此。著名篮球运动员詹姆斯在赢得 NBA 总冠军时说，保持上进心是成功的关键。海尔公司董事长张瑞敏亲自举起铁锤狠心砸烂了 76 台质量不合格的冰箱，把锐意进取的企业精神和积极理念灌输给了每一个海尔人，成就了海尔家电的品牌。每一个成功者对于自己所从事的事业都有着不懈的追求，正因为如此，他们才精益求精，把自己擅长的事情做到了极致。而平庸者恰恰相反，他们对生活没有任何渴望，一辈子只图温饱，所以永远都成不了大器。

有一个叫尼尔的年轻人，有一天见到了阔别已久的老师。老师见到他非常高兴，寒暄了几句之后就问起了他的近况。老师不经意的一问，却让尼尔反应很大，他的脸色忽然变得忧郁起来，讲话也有些闪烁其词："我现在过得马马虎虎吧，整天没有什么重要的事，工资不高不低，维持温饱是没什么问题的。"

老师对他的回答感到非常吃惊，要知道尼尔在校时可是个非常优秀的学生，他不明白这位天之骄子出了校门之后为什么过得那么平平，便疑惑地问："既然你的工资一般，就应该加倍努力地工作，想办法提高自己的待遇，怎么还能整天无所事事呢？"

尼尔回答说："我们公司没有那么多业务，我也没有那么多事情可做。"老师听后叹了口气问："你对自己现在的人生满意吗？"尼尔沉默了一会儿说："我没有获得更好的发展机会，运气又不好，不满意又能如何？大家不是都说做人要知足，要懂得知足常乐吗，世上有那么多人失业，那么多人排队抢一份工作，我能有一份稳定的工作就已经很不错了，还敢奢求什么呢？"

老师说："你说得不对。知足常乐是叫人不要太贪婪，而不是叫人得过且过，不求上进。你这么年轻就开始浑浑噩噩地混日子，想过自己30岁以后会什么样吗？""30岁以后——"尼尔低下了头，"我想应该和现在差不多吧。""那么40岁以后呢？"老师又问。尼尔说："我不知道。我现在没有想那么远，也不可能猜到40岁以后，我会变成什么样子。"老师说："40岁以后你就习惯了。一辈子也就这么糊里糊涂地过去了。"尼尔很不快地说："就算是那样，错也不在我，我一直没有得到机会，也许这辈子命该如此吧。"老师言辞犀利地说："一个没有进取心的人，永远都不会得到机会的。"尼尔羞愧地低下了头，恨不得找一个地缝钻进去。

当一个人丧失进取心的时候，就会甘于平庸、落后，久而久之，便会把庸庸碌碌当成习惯，渐渐地，就如同行尸走肉一样漠然，如同温水中的青蛙一样麻木。可见没有进取心有多么可怕。进取心就好比生命中不可或缺的维生素，它的存在可以让我们变得更强壮更优秀，甚至可以让我们成就自己。无论到了人生的哪个阶段，我们都不能没有进取心，只要我们始终期待每一个明天都比今天更好，我们就一直都有进步的空间。沃尔玛公司的创始人萨姆·沃尔顿在80岁高龄时还在全国各大连锁店之间积极奔走，其旺盛精力不输于年轻人。对于年轻的我们来说，今后的道路还很漫长，此后的人生还有着无限的可能，所以我们更没有理由裹足不前、不思进取了。

## 主动出击，找到属于自己的舞台

俞敏洪曾经说过，社会资源的分配是不公平也不均衡的，所以我们要努力寻求资源的再分配，但想要获得分配的主动权，首先你自己必须成功，如果自己不成功，你一辈子只能被动地等着别人给你分配，这样的人生是不值得过的。如果一个人有工作的时候每个月都在等着老板发工资，失业的时候总是等着政府给自己发救济金，那么一辈子都在扮演弱小可怜的角色，是不可能有大发展的。

事实证明，被动地等着社会资源的二次分配，你能得到的永远都是那么少，少到你在面对生活严峻的考验时，总是感到无能为力，想要改变这种状况，就不能继续满足于等着下班，等着发薪水，等着退休养老，而要主动出击，努力掌握自己生命的自主权，否则终生都不可能冲破现实的枷锁。

想要获得分配的主动权，无非有两个途径，一是自主创业，二是成为打工皇帝。创业的道路虽然非常艰难，但是只要你熬过了最难熬的时光，以后的日子每天都会是欣欣向荣的景象。虽然不是每位创业者都能成功，但只要曾经尽最大努力尝试过，放手拼搏过一回，就算失败了也无谓，失败并不可怕，可怕的是连失败的机会都没给过自己。无论如何，这样的人生都好过打一辈子工，领一辈子固定数额的饭票。

做打工皇帝也是一个不错的选择，打工者要是享受了"皇帝"级别的待遇，那么必然在很大程度上已经掌握了资源二次分配的主动权。想要晋升到这样的位置，你必须充实自己的实力，让能力为自己镀金，只有这样你才能有更大的话语权，也才能为自己争取到更多的权益。

蒋东明刚满 18 岁就开始打工，第一份工作是在一家家具公司当工人，每月的工资只有一千多元，去掉日常开销基本上所剩无几，有时想买一双新鞋送给弟弟妹妹都要纠结半天。后来他又到一家印刷厂当起了印刷工，每天起早贪黑地工作，工资也只有 1500 元，不仅工时长，劳动强度还非常大，他每天都累得腰酸背痛，第二天还得打起精神迎接新的一天。他不知道这种日子什么时候才能熬出头，不止一次地幻想着要摆脱这种苦力的角色，还幻想过自己当老板，有时想着想着竟信以为真，于是便辞掉了工作，开始尝试创业。

由于没有太多资金，蒋东明只能从小生意做起，他在摊位上卖过鞋袜、腰带和各种生活用品，还购进过一批高档餐巾卖给了当地最有名的大饭店。积累了一定的资金后，他开始扩大生意规模，尝试着在早市、夜市上售卖各种床上用品，没想到刚刚卖了三个月，他便赚到了十万元。赚到了第一桶金以后，蒋东明把目光投向了销路看好的皮具生意上，由于经营有方、头脑活络，他又大赚了一笔。之后他有了自己的店面，主营业务是售卖皮具和服装，生意非常红火。

从街头小贩到小有成就的老板，蒋东明付出了常人无法想象的努力，也尝尽了人世间的心酸，这其中的苦涩和艰辛很少有人能了解。不过蒋东明并没有因此而变成一个内心沧桑的人，他很庆幸自己选择了创业这条路，过上了自己想要的生活，回想当初如果他没有放手一搏的勇气，现在还是一个只知道埋头苦干、每个月收入仅为 1500 元的苦工，那样的人生虽然平稳，但远没有现在这样精彩，所以他不曾后悔过，而且一直为自己的选择而感到骄傲。

如果你只是一个被动领固定工资的上班族，那么你人生的舞台就是别人搭建的，即使你有机会和别人同台竞技，即使舞台上也有你方唱罢我登场的热闹，这个舞台都不会真正属于你自己，你也成不了真正的主角，只要情况有变，灯光随时都可以幻灭。比如行业不景气、市场行情不被看好时，你也可能被卷进裁员风暴。即便你躲过了所有的裁员风暴，平平安安等到了退休，一辈子过得波澜不惊，人生也不会圆满，因为你的一生从来就没有自主过，你从来没有按照自己的意志真正地活过一天，这样的人生又有什么好庆幸的呢？

真正成大事者绝不会只满足于温饱，也不会满足于奔小康，他们势必要有自己的事业，势必要有属于自己的舞台，无论跌过多少次跤，也无论有过多少挫折失意，他们为自己的人生真正奋斗过了，人生便不再有什么遗憾，纵使不能成为光彩耀目的大人物，也终归摆脱了小人物的苟且和无奈，这样活着，才不枉来到世上走一回。

## 与其全而不专，不如把专业做精做透

职场上广泛存在着这样一种现象：有些人入行多年，但却对自己所从事的行业一知半解，表面上看来似乎见闻广博、样样通晓，而实际上却缺乏最基本的专业能力。在各大行业，他们很有可能扮演着多面手的角色，什么工作都能做，但却没有一样能做专做精，所以在任何领域里都成为不了顶级的人才。职场上从不缺乏什么都略懂但却没有一样精通的"万金油"，但高精尖的专业型人才对于企业而言，始终是短缺的，所以这类人才是备受青睐的优质资源。

我们常有这样一个误区，认为只有比别人懂得多，才能不断为自己增加砝码，以为多掌握一些技术和本领，才算有了压身的法宝。李开复却告诫我们说："竞争的时候，主要考虑的不是打败别人，而是如何精通自己的专业，能做得比自己以前更好。"也就是说我们不要过分在乎在技能的数量上如何赶超别人，而要致力于把自己的专业研究精研究透，这样才能把工作做得好上加好。

庖丁解牛的故事我们再熟悉不过，他之所以能掌握如此出神入化的技艺，不是因为他对解剖学、动物学、钢刀冶炼工艺有多么广泛的研究，而是因为他只专注于一件事情，那就是对牛的了解。由于对牛的骨骼构造了若指掌，他可以让刀刃游刃有余地在各个筋骨缝隙间进出，这样解起牛来毫不费力，所用之刀经年使用后仍崭新如故。我们做任何一项工作，如果能达到庖丁解牛的境界，那么在任何领域里都能成为精英。

很多时候，我们把略懂当成了擅长，又错误地把擅长误读成了精通，这就是我们没法出类拔萃的根本原因所在。这就好比有些人自诩上知天文下晓地理，既做不了天文学家也当不了地理学家。有些人擅长唱歌跳舞、琴棋书画，但是没有一样精通，所以并不能把擅长的东西变成专长。俗话说得好："千金在手，不如一技傍身。"只有拥有一技之长，我们才能在各自的领域扮演好自己的角色，担当起角色赋予我们的责任，成为企业和社会最需要的人。

小夏毕业于某所财经大学的会计学专业，毕业之后进入了一家大型会计师事务所当审计。办理完了入职手续，领取完了门卡和办公用品，他便和很多年龄相仿的新同事一起进入公司大厅接受培训。

公司非常重视对新员工的培训工作，指派了培训部的经理亲自为大家授课。本来小夏认为他们接受的一定会是高端培训，没想到经理居然像中学老师那样，为大家讲起了office办公软件，还边讲课边演示，俨然是把新员工当成了什么也不懂的无知学生。许多员工开始不耐烦起来，对课堂充满了抵触情绪。经理也感受到了大家的不满情绪，于是就高声问："自认为精通office软件的请举手。"在场的员工几乎全都举了手。"好吧，那我可要考考你们。"于是经理随机叫了几个人的名字，让他们现场演示如何使用Excel表格中的高级筛选和函数命令，大部分人居然都被难住了。

经理笑笑说："在办公软件的应用方面，你们只是懂了一点皮毛而已，还算不上精通。"然而这种说法并没有说服新员工，小夏也不想重新回顾早已学过的知识，于是鼓起勇气说："在大学四年里，我们已经系统地学习了有关计算机、会计学、审计学、财务管理、经济学、金融学、法律学等各种学科的知识，这些理论知识虽然不能全部应用到审计工作中，但是大部分还是能跟实践结合起来的，我们希望能听到更丰富更实用更系统的课程，不想把时间浪费在办公软件上，那些常规性质的操作我们在业务时间自己练习一下就好了。"

经理沉默了一会儿说："看来你们懂的东西真不少啊，那么请问不经过专业培训，你们能直接上岗做审计工作吗？你们在企业工作和在学校读书是不一样的，学东西广而不精是什么也做不好的。"听完这句话，大家都沉默了。接着经理现场演示了怎样制作专业规范的表格，以及如何运用Excel技巧提高工作效率，他设计的表格可以用各种公式检查客户填写的数据之间的逻辑关系是否正确，让在场的新员工大开了眼界，他们从来没有想过表格还可以这么用，顿时觉得受益匪浅。

走向社会，我们会发现，大学里学到的知识只有很少的一部分能在实际工作中应用到，若要掌握真正的专业技能，我们必须付出很多的努力。大学只是给我们提供了一个广阔的视野，但并不能让我们深入地了解某个行业和某种专业技能。所以步入职场以后，我们不能像学习知识那样同时钻研各种行业各种技能，而要集中所有的精力把自己的专业研究透。有了专业技能做后盾，我们才能成为真正的行家。

# 管理好世界上最宝贵的资源——时间

常有人抱怨世界的不公平，因为在市场经济时代，想要社会资源的配置达到"不患寡而患不均"的标准几乎是不可能的。然而人们在愤愤不平的同时，却常常忽略这样一个基本事实，即时间作为世界上最宝贵的资源，是非常公平的。对于每一个地球公民而言，每一年都有 365 天，每天都是 24 个小时，上帝不会多赋予你一小时，也不会多窃取你一分钟，你所拥有的时间资源和别人所拥有的时间资源是毫无差别的，成功的关键就在于你是否能利用好每天的 24 小时。

如果一个人的寿命是 80 岁的话，除去 1~20 岁的懵懂求知时间和60~80 岁的养老时间，能用在工作和奋斗上的时间只剩下了 40 年。在这 40 年里，其中有 1/3 的时间，我们是在睡眠中度过的，用于吃饭、发呆、打电话、休闲娱乐的时间又占去了超过 1/3 的时间，经过计算，我们真正用于工作的时间仅剩下了 11 年。在这短短 11 年时间里，我们若想做出一番事业，就必须好好把握好自己的时间。

常言道："时光如梭，人生有涯。"时间是经不起消磨和浪费的，奋斗中的人都懂得人生苦短、只争朝夕的道理。然而在现实生活中，只懂得惜时的道理是不够的，很多人通宵达旦地忙碌，却仍然觉得时间不够用，该完成的任务总不能及时完成，这不是因为他们不想珍惜时间，而是因为他们不善于管理时间。数学家华罗庚曾经说过："成功的人无一不是利用时间的能手。"的确，任何一个成功人士都是规划时间的绝顶高手，所以即使埋首繁忙的工作中，他们处理起来也总是显得不慌不忙、游刃有余，无论在任何情况下，他们都能担起重任，在压力下昂然前行，故而能成就一番大业。作为一个朝九晚五的上班族，你的时间又是怎么悄悄溜走的呢？你是否充分利用好白天的八小时了呢？披星戴月地加班仍不出成效问题出在哪里呢？这都是所有低效能员工应该深思和考虑的问题。

有一位老师曾给学生做过这样一项实验：他当着全体同学的面拿出了一个透明的大玻璃瓶，然后像变魔术一样往里面装东西，首先塞进玻璃瓶里的是一个个大石块，没过多久，玻璃瓶的空间就被填满了。老师指了指玻璃瓶，高声问道："满了吗？"同学们异口同声地回答说："满了。"他笑而不语，接着又往玻璃瓶里塞小石块，大石块的缝隙里很快就填满了小石块，这时他又朗声问学生："满了吗？"学生开始交头接耳、议论纷纷，过了一会儿，又给了他一个高度统一的答案："满了。"

这位老师没说什么，又开始往玻璃瓶里装细沙，将大小石块之间的缝隙全都填满了，这时他又问了学生同样的问题。同学们面面相觑，小心翼翼地回答说："满了。"老师依旧沉默不语，接着把水装进了玻璃瓶里，水装满了整个瓶子，几乎都要溢出来了，瓶子不可能再装进东西了。于是在老师问满没满时，同学们响亮地回答道："满了。"谁知老师又往里面装了一点酒精，酒精和水很快融合到了一起，不等学生回答，老师便宣布道："这下可真的满了。"

学生不明白老师究竟想要说明什么，正诧异的时候，老师又拿出了一只空的玻璃瓶，先往里面加满了水，然后问同学们说："我现在想把大石头、小石头、沙子和酒精全装进去，你们认为可能吗？"同学们一齐回答道："不可能。"老师又说："是的，的确不可能。这说明做事的先后次序是很重要的，次序不对，即使浪费了很多时间，也不能达成目的。"

在工作中，我们应该根据二八定律，把80％的时间花在最关键的

20%的事情上，首先要处理好最紧急最重要的事情，让有分量的"大石"先占据自己的时间，然后再去处理碎石般次要的事情，细水般的琐事应该放在最后来做。当然，想要管理好时间并不是那么容易的事，所以我们最好在正式工作之前，拟定好一份时间清单，事后做好时间日志，这样才能更好地规划时间，同时弄清每天的时间是怎么被消耗掉的。要想成为掌控时间的高手，最直接最有效的途径就是跟行业内顶尖的人士学习，他们的经验可以让我们少走很多弯路，帮助我们节省出很多宝贵的时间，和三个以上这样的人打交道，我们做事情就会越来越有条不紊，成为高效能人士便成了指日可待的事情。

# 第三章

## 有一种眼光叫作独具慧眼

　　有人说，眼光决定气度，气度影响格局，那么什么是眼光呢？比如让猴子在一根香蕉和一根金条之中做出选择，猴子大多会毫不犹豫地选择香蕉，因为它不知道一根金条可以换来多少香蕉。同理，让人们在金条和平台之间做出选择，大部分人会不约而同地选择金条，因为他们不明白一个好的平台究竟可以换来多少根金条。少数选择金条的猴子和选择平台的人就是比同类更有眼光的个体。

　　但凡成就大业的人，必有超凡的眼光和独到的意识，洞察力一定比常人深刻，思维具有高度的前瞻性，这样才能抢先一步投身到最富发展前景的事业中，走出属于自己特色的道路来。成功不能被模仿，也不能被复制，只有敢于走自己的路，才能闯出一番天下。然而只是敢想敢作敢为是远远不够的，如果缺乏眼光，定位错误，就会在错误的道路上狂奔不止。可见，没有眼光万事不成，只有具备了超乎常人的敏锐眼光，你才能真正成就自己。

# 成功不可复制，走自己的路才有出路

有一个少年，和其他千千万万的小人物比起来，他并没有什么特别，和那些名声在外的大人物比起来，他的经历堪称平平无奇：

六岁那年，一个和善的非洲人陪他玩了一下午的滚球，在这之前，没有哪个大人对他那样友善和耐心，所以他认定在这个世界上，黑人才是人类最优秀的人种。

八岁时，他经常向父亲的朋友打听家产的数目，大人们都感到很震惊。

在读小学时，他经常偷偷地翻看大姐的情书，由于表现得足够谨慎，他的偷窥行为从来没有被任何人发现过。

他患有先天性哮喘病，晚上睡不好，白天打不起精神，每次发病时都很痛苦。他莫名恐惧很多东西，甚至看一眼大海都会心惊肉跳。

不知什么时候，他迷上了钓鱼。有一天他恳求父亲陪自己去垂钓，谁知父亲却振振有词地拒绝道："你耐性太差，跟你一起钓鱼，我会发疯的。"父亲说得没错，他确实没有耐心，所以没能顺利完成学业，成了牛津大学的肄业生。

在课堂上，老师向他提了一个简单的问题，问他拿破仑是哪国人，他认为其中必有诈，就把拿破仑说成了荷兰人，由于把一道任何人都能答对的问题答错了，他受到了不准吃晚饭的处罚。

他自诩为聪明人，认为自己的智商大大超过平常人，只比天才略低一点，但测试结果显示他的智商分数为96，属于普通人的智商范畴。

有一位成功人士，一生充满传奇色彩，他的事迹比电影和小说都要精彩，他取得的成就更是令人望尘莫及：

他交游广阔，挚友清单的 50 人中既有美国国防部长这样的政要，又有像纽约顶级律师、报刊总编这样的社会名流，还有农场的邻居和贫民窟的医生等。

第二次世界大战爆发以后，战火肆虐欧洲，为了报效国家，他加入了英国情报局，做起了像詹姆斯·邦德那样的间谍。

38 岁时，他有了创业的想法，想起祖父从农夫转变为企业家的经历，他十分振奋，于是投资了 6000 万美元创办了一家广告公司，该公司后来成为了年营业额高达数十亿美元的巨头企业以及全球最大的广告公司。

他是个天生的冒险家，终其一生都在冒险，大学没毕业就只身去了时尚之都巴黎，干起了厨师的行当，后来又推销过厨具，当过好莱坞的调查员，又扮演过间谍、农夫和广告人的角色。

他写下了无数脍炙人口的广告词，很多经典的广告词至今都在被广告业使用。

他曾经说过："别把财富和头脑混为一谈，一个人擅长赚钱和他的头脑没有太大关系。"还说："你只要比竞争对手活得长，就算赢了。"他确实比大多数竞争对手都活得久，88 岁那年才寿终正寝，在现在看来，也算是高寿了。

有谁会想到那个平平无奇的少年和那个传奇的企业家竟然会是同一个人，他就是奥美公司的创始人大卫·奥格威。我们把少年和企业家的表现对比来看，似乎能找到某些相关的蛛丝马迹，比如偷看情书不被察觉，说明他的确是做间谍的料；从小就关注别人的资产，渴望获得财富，促使他走上了自主创业的道路。那么这是否意味着成功是有规律可循的，我们只要破解了其中的奥秘，就能复制这些传奇人物的成功？

当然不是。事实是，成功并没有可循的规律可言。大卫·奥格威天生没有耐性，读书半途而废，做事仅凭一时热血，可是他依然创建了在全球最负盛名的广告公司。他智商平平，然而拟写的广告语却流露出惊人的智慧。他自幼体弱多病，但却非常长寿。他身上的许多特征普通人也具有，在这个世界上有多少人缺乏耐性、智商一般且身体不好，可是又有谁能复制大卫·奥格威的成功？事实是，世上只有一个大卫·奥格威，永远不会出现第二个副本。

渴望成功的人总以为成功的答案全部隐藏在名人和伟人身上，自己只要模仿到位，就能完全地复制他们的人生。这种想法太不切实际了。成功不仅跟人的能力、智商、机遇等因素有关，还涉及天时、地利、人和等多种复杂的因素，你不可能把所有的东西都复制出来，所以也不可能复制他们的成功。也许成功者的励志故事和至理名言，会让你读之热血沸腾，但是你必须意识到想要成为他们几乎是一件不可能的事情。你唯一的出路就是走自己的路，别人走过的路你未必走得通，只有根据自身的情况，一边探索一边上下求索，你才能闯出自己的天下。

走别人的路是很容易，你只要踩着别人的脚印前进就行了，可是要走自己的路就没有那么简单了。它是一条从来没有走过的路，该从哪里落脚才好呢？鲁迅先生曾经说过："世上本无路，走的人多了，也便成了路。"意思是路是探索出来的，没有事先铺好的康庄大道供你行走，你只有认清这点，才能开辟出一条新的道路来。走别人的路只要随大流就行了，走自己的路却需要独到的眼光，你只有看清形势、看清自己、看清脚下的路，才能获得成功。

# 要有超人之举，必有超凡眼光

某鞋厂计划开拓非洲市场，于是派了三名业务员赴非洲考察调研。甲刚到非洲没几天就绝望了，起因是无论走到哪里，他都能看到赤脚走路的非洲人，这里的人根本没有穿鞋的习惯，他是不可能把鞋卖到当地的，这样一想，他便感到分外颓丧，于是立即向公司报告说非洲没有市场，因为当地人祖祖辈辈都喜欢光脚走路，随后便乘坐飞机回国了。

乙在非洲考察了一段时间后，看到当地人全都不穿鞋，不禁欣喜万分，马上向公司汇报说非洲人没有鞋穿，那里有一个庞大的市场，他还建议公司加速生产鞋子，以供应非洲市场。结果鞋子确实在短时间生产出来了，不过事情进展得并没有那么顺利，鞋子的销路成了最大的问题。由于非洲人世代赤脚行走，早已习惯成自然了，鞋子对他们来说完全是多余的，根本激不起他们的购买欲望。再加上因为长年光脚走路，当地人的脚趾已经有些许变形，工厂生产的鞋子根本就不符合他们的脚型。乙虽然看到了非洲的市场前景，但是不了解当地的情况，所以没能成功把鞋子卖给非洲人。

丙来到非洲以后，认真研究了非洲人的脚型，并对当地的风俗习惯和传统文化进行了更广泛的研究，他把掌握的情况如实报告给了公司，帮助公司研发出了一种符合非洲人脚型的新型鞋子，保证非洲人穿起来既合脚又舒适。为了引起非洲人的注意，丙设计了一套行之有效的营销策略。他派人在非洲人欢度重要节庆的日子，在人头攒动的广场竖起了一尊巨大的塑像，雕像被一块大布遮盖得严严实实。人们都在交头接耳议论时，大布被揭开了，大家看到了一尊栩栩如生的雕像，模样几乎和自己最崇敬的领袖一模一样，它脚下穿着一双漂亮的鞋子，显得既时髦又威严。非洲人忽然意识到原来鞋子是这么新潮的东西，于是开始争相购买鞋子，鞋厂生产的新型鞋子很快就脱销了。

对比甲、乙的失败和丙的成功，我们可以得出这样一个结论：眼光决定成败。眼光不同的人，对事物的理解也不一样。比如甲的眼光和普通人没有什么区别，看到非洲人光脚走路，就认定当地没有市场，所以最终空手而返、一无所获。乙比甲更有眼光，他发现了一个巨大的潜在市场，但是由于没有充分考虑到当地人的消费习惯以及基本需求，没能成功打开市场。三人之中丙是最有眼光的，他不但看到了非洲的市场潜力，还能根据当地的实际情况制定出一套完善的宣传策略，最后成功把鞋厂的鞋子卖给了世代不穿鞋的非洲人。由此可见，想要做到别人做不到的事，把不可能变成可能，必须要有超乎常人的眼光。

仔细观察你会发现，任何一个卓越非凡的人物，无一不具备睿智的眼光，眼光敏锐的人即使看到石头，也能从里面挖掘出金子，没有眼光的人即使看到钻石、水晶，也会把它们当成一文不值的玻璃。平庸者之所以平庸，多半是因为没眼光，思维僵化，打不开局面，由于看不清方向，只能随波逐流。同样的东西，在不同的人眼里价值量是不同的。譬如得到一笔钱，商人会把它看成投资的资本，让钱生出更多的钱；慈善家会把它看成扶危济困、造福社会的资源，让钱帮助更多需要它的人；饿汉得到了钱，只想把它换算成更多的烧饼和馒头，吃光老本后，他还是一无所有。所以从某种意义上说，眼光的好坏直接影响人一生的命运。

眼光不是天生的，没有人生来就具备别人所不具备的眼光，它和人的阅历、见识、胆略和胸怀有关，由于经历不同，人生观、世界观不同，人们看待问题所站的角度存在着差异，角度的差异便决定了眼光的差异。每个人都渴望拥有非同凡响的人生，不想默默无闻地过一辈子，但并非每个人都能如愿。你只有培养出了非凡的眼光，有了更好的思路，才能看到别人看不到的宝藏，取得别人取得不了的成就。

## 审时度势，顺势而为

人常说时势造英雄，一代强人之所以能登上历史舞台，和当时的时代背景自然是分不开的。一个伟大的时代可以造就很多伟大的人物，但是精英的数量终归是有限的，而平凡的人永远都占大多数。那么什么样的人才能搭上时代的列车，成为引领风潮的弄潮儿呢？答案就是懂得审时度势、顺势而为的人。

毕加索懂得审时度势，知道时代需要什么样的艺术，故而开创了立体主义画派，在世界范围内取得了登峰造极的艺术成就；比尔·盖茨善于审时度势，他看到了电子计算机广阔的发展前景，故而一手打造了微软帝国。由此可见，大人物的成功大多和他们懂得审时度势有关，正因为他们拥有超凡的眼光，像雄鸡一样知时，所以才能顺应潮流和形式，果断抓住机遇，在时代的滚滚大潮中，搏击出属于自己的风采。

成就一番事业，眼光比努力更重要，如果你有一双可以看清局势的慧眼，就能把握时代脉搏，迎合社会的需求，找到通往成功大门的金钥匙。成功没有标准的道路，只有拥有战略眼光，走在时代前沿的人，才能成为最后的胜出者。

　　高辉中专毕业后，在家乡的一家摩托车维修厂找到了工作，成了一名修车工。由于做事勤快、技术又好，他很受老板青睐，工资一路看涨。尽管维修厂的待遇不错，高辉却不满足于此，他认为自己还很年轻，正是敢打敢拼的时候，此时不去创业，以后恐怕就没有勇气尝试了，于是毅然辞去了工作，自己开了一个小型的摩托车维修部。

　　高辉创业时，很多青年都迷恋摩托车，摩托车的销量非常好，然而专业化的维修服务却跟不上。多数维修厂都是以维修汽车为主以维修摩托车为辅的，高辉开设的摩托车维修部可谓是既迎合了时代需求，又填补了市场空白，所以生意越做越火。

　　一年之后，高辉发现摩托车的市场销量越来越好，不仅年轻人喜欢骑摩托车兜风，连中年人也因为它具有实用、方便等特点，竞相购买。摩托车机动灵活，虽然在舒适度上比不上私家轿车，但是随着交通拥堵的情况越来越严重，人们为了解决塞车的困扰，便把摩托车当成了最便利最快捷的工具。许多拥有私家车的车主，在交通拥堵的高峰期，也喜欢骑摩托车出行。经过一番分析，高辉发现了商机，于是他也做起了摩托车的买卖，既卖车又修车，赚取了高额利润。

　　后来摩托车不流行了，电动车在全国各大城市兴起，高辉就改卖电动车，虽然他本人比较喜欢摩托车，对这个行业也很有感情，但是他认为社会在发展，人要向前看，必须要学会审时度势，否则早晚要被时代淘汰。在售卖电动车的同时，高辉依然坚持为广大消费者提供修车服务，他相信维修技术是相同的，经过一番探索研究，他很快就掌握了维修电动车的技术。高辉卖车修车两种业务一起抓，又大赚了一笔。

　　一次偶然的机会，有人把损坏的油锯交给高辉维修，没想到没费多大力气，高辉就把它修好了。眼光敏锐的高辉从油锯上看到了商机，当时家乡正大力发展林业，谁若是能占领油锯市场，谁就能赚到第一桶金。面对大好机遇，高辉当然不能无动于衷，他立即购进了一大批油锯，既提供产品又提供维修服务，生意越做越大。由于高辉善于把握商机，市场需要什么，他就能提供什么，因此生意越来越好，他本人也成为了远近闻名的企业家。

社会在发展，时代在改变，科学技术日新月异，各种产品更新换代很快，人们的生活观念、生活方式也在悄然发生着变化。我们只有看透了这些变化，对这个时代以及这个时代的潜在需求，有了更深入更广泛的了解，才能与时俱进，为社会提供最受市场青睐的产品、技术和服务，成为某一领域最具核心竞争力的先锋人物。

## 抢先一步，领先一路

不少人都曾经总结过犹太人精于赚钱的奥秘，其实犹太人之所以能在商业领域打拼出天下，最为重要的原因之一便是他们善于抢占先机，所以总能先发制人、稳操胜券，无论投身于哪个领域，都能赚得盆满钵满。

其实无论什么行业，谁能捷足先登，谁就能赚得第一桶金，追风潮的人永远比不上领风潮的人。这就好比第一个敢吃西红柿的人会被载入史册，而到了人人都敢吃西红柿的时代，这种行为就再也带不来任何影响了。在现实生活中，很多人都喜欢跟风而动，看到别人依靠什么发迹了，全都蜂拥而上，由于有太多人参与，市场的蛋糕早就被分成了无数个小块，等你削尖了脑袋挤进来时，不但吃不到一口，甚至连蛋糕渣都抢不到了，想要尝到奶油的滋味更是比登天还难。事实证明，盲目跟风只会撞得头破血流，亏得血本无归，要想成功，必须要抢先一步，不要等到群雄逐鹿时才后知后觉，否则你永远都是跟在后面捡别人剩下的碎屑，一辈子都不会有出息的。

王丽原本只是工厂里的一个普通工人，后来由于工厂效益不好，她下岗了。刚刚失业时，她感到一片茫然，不知道未来的人生该怎么度过。她学历不高，又不懂技术，而且已经过了劳动者的黄金年龄阶段，想要再找一份安稳的工作谈何容易。求职屡屡碰壁以后，她只得走上了创业的道路。

因为没有本金，她必须从小生意做起，于是就开始琢磨什么生意成本低但回报率可观。下岗之前，她一直在食品公司从事简单的加工工作，对食品市场还算有几分了解，因此就想从食品行业入手。当然，事业刚起步，她不可能有实力成立食品公司或是食品加工厂，她唯一能做的就是把目标瞄准物美价廉的菜市场。菜市场和老百姓的生活息息相关，采购食品的顾客经常络绎不绝，这个行业的市场前景还是非常不错的。

经过一番调查，王丽发现当地最大的菜市场竟没有一家本地人开设的卤菜店，这是让人非常难以理解的，因为本地人都喜欢吃卤菜，买卤菜的人非常多，可是卤菜生意都被外地人垄断了，其味道根本就不符合当地人的口味。王丽想，如果自己能做出具有本地特色的风味卤菜，菜品一定会大受欢迎的。想到这里，她心头一震，终于找到了人生的发展方向了。

接下来王丽便开始忙着研发自己的风味卤菜了，她先是摆起了摊位，让顾客免费试吃，在赢得广大顾客认可以后，才开始放心开店。小店开张以后，吸引了很多顾客前来品尝。王丽的卤菜店很快打响了名号。由于是本地第一家口味正宗的卤菜店，王丽没有遇到什么竞争对手，生意越做越红火。

没过几年，风味卤菜店在当地遍地开花，王丽的小店营业额开始不断下滑，她意识到卤菜市场已经被更多的人瓜分了，如果自己不能领先一步想出好点子，店铺早晚会在激烈的竞争中倒闭。痛定思痛后，她开始着手研发新菜品，还聘请食品专家专门研制口味独特的新菜，使得每一道菜都能给顾客带来惊喜。经过一番努力，她的小店果然在同行中脱颖而出，普通的卤菜店由于盲目跟风，无法为市场提供更有特色的产品和服务，竞争力明显不足，更无法跟王丽的店铺抗衡。王丽的小店由于在市场上始终是一枝独秀，所以在竞争中一直具有压倒性的优势，它的规模越做越大，后来由单独的小店变成了连锁经营，王丽也一跃成为了连锁餐饮业的大老板。

李嘉诚曾经说过："每一次新商机到来，都会造就一批富翁；造就他们的原因是：当别人不理解他在做什么的时候，他知道自己在做什么；当别人不明白他在做什么的时候，他明白自己在做什么。当别人明白了，他富有了；当别人明白了，他成功了。"不错，人人都能看到的商机就已经不再是商机了，因为它的市场已经饱和了。你只有看到别人看不到的机遇，先下手为强，才能一路遥遥领先。俗话说，物以稀为贵，如果你能发现市场空白点，并能当机立断抢占先机，就能独占鳌头，获得巨额回报。

# 机会总是隐藏在不被留意的细节里

我们常听人说机会青睐于有准备的人，因为准备不足，即使遇到了千载难逢的好机会，也会与其擦肩而过。显然，对于任何人来说，重要机遇都是有限的，而且是稍纵即逝的，一不留心，它就像一只青鸟一样飞走了，留给我们的只不过是一个灰色背影罢了。能得到命运的垂青固然是好事，但是把握不好机遇，照样会由命运的宠儿变成命运的弃儿。靠运气去博机遇显然是不行的，与其等着好运降临再去出手，不如化被动为主动，主动擦亮双眼寻找机会。要知道人生有限，非要坐等百年一遇的大好机遇降临到自己头上，恐怕大半生都要在等待中度过了。

对一个普通人来说，也许我们一生也遇不上什么足以改变命运的重大机遇，等待并不能解决问题，但这是否就意味着机遇被彻底挡在了门外，我们注定与它无缘呢？当然不是的。我们即使遇不上重大发展机遇，但是如果善于从平凡事物中捕捉灵感，是完全有可能把一次次小小的机会变成改变一生命运的重要契机的。

俗话说机会无处不在，我们之所以察觉不到，主要是因为它是隐形的，若是没有一双火眼金睛，就算机会摆在面前，我们也照样熟视无睹。很多时候，我们不是真的缺少机遇，而是缺少一双发现机遇的眼睛，只要我们的眼睛变得敏锐了、雪亮了，哪怕看到的是再平凡无奇的事物，比如一个纸盒、一盆土之类的东西，也能从中发现不同寻常之处，从而挖掘出商机，彻底改变自己的人生轨迹。日本的一个企业家以售卖不起眼的书套纸盒起家，坐稳了该行业的第一把交椅，成为了被广泛看好的商界黑马，中国的一个企业家把富含有机物的肥沃土壤销往全国各大花市市场，仅靠卖土就获得了超额利润。由此可见，机会就隐藏在平凡的事物和平凡的生活中，只要我们善于发现，随时都能点石成金。

有个叫吉列的人有一天在一家小旅馆里剃须刮脸，使用的是一把老式剃须刀。他一边听着收音机一边洁面，刮着刮着，忽然感到脸上一阵火辣辣的疼，照镜子一看，脸被刮破了。这种恼人的经历，对吉列来说可不是第一次了。吉列是个爱整洁的人，所以每天都要修理自己的络腮胡子，刮脸更是例行公事，可是由于老式剃须刀不好用，他每天都会被刮破脸，这让他非常恼怒。

愤怒之余，吉列心想：自己并不是唯一的受害者，美国一定有不少像自己这样的人每天都要受到这种老式剃须刀的折磨，商家为什么就不能研发出一种既安全又舒适的剃须用具呢？如果他们能设计出一种既实用又方便的剃须刀来，让刮脸不再成为一种痛苦，而是演变成一种乐趣，不仅能使广大消费者受益，还能让自己大赚一笔，何乐而不为呢？

有了想法之后，吉列开始自己着手设计安全剃须刀，经过几个月的反复研究，他设计出了一种 T 型的新型剃须刀，这种产品最大的优势就是不会伤到脸，使用起来既方便又舒适。然而该产品投入市场的第一年，销量并不理想，由于 T 型剃须刀太过标新立异，和普通的剃须刀大不相同，人们在短时间内很难接受它，所以吉列只卖出了 51 把剃须刀和一百多副刀片，T 型剃须刀几乎处于滞销状态，他不但没有赚到钱，连成本都没有收回来。

面对困境，吉列终于想出了一个好办法，他对 T 型剃须刀做出了必要的改进，将其分解成刀片和刀架两部分，并给广大消费者免费发放散装的刀架、少量刀片和使用说明书，美国人渐渐了解了这种新型剃须刀的优势，越来越多的人开始使用这种既安全又舒适的新型剃须刀。人们发现刀片使用久了就会变钝，于是就会购买新的刀片替代，吉列很快就把免费赠送刀架的钱赚回来了。没过多久，T型剃须刀打开了销路，成为了该行业里最流行最畅销的产品，吉列也实现了自己的人生梦想，成功跻身于优秀企业家和创业先锋之列。

在这个世界上，早晨洁面时被剃须刀刮破脸的人何止千万，但是研制出安全剃须刀的人只有吉列一人。吉列能成功，不是因为他才智超群、能力无敌，而是因为他善于从小事和细节中捕捉灵光，能够从别人习以为常、长期忽略的事情上看到有价值的东西，凭借这点，他就足以超越于众人之上，成为一个时代不可多得的精英人物。

吉列的故事告诉我们，在寻找机遇时我们不要总想着瞬间做成什么轰轰烈烈的大事，作为一个平凡的普通人，我们不可能在星星之火都没点燃的情况下，一下子就看到了燎原之势的局面，那种想法是不现实的。我们要留心身边的点滴小事，从小事背后发掘深意，捕捉灵感，并以此为机会，适时抓住机遇，改变未来。

# 培养洞察力，判断事物发展方向

有人说见闻和眼界，决定认知的广度，洞察力则决定认知的深度。一个人是否能取得成功，只是见多识广是不够的，没有深刻的洞察力就没有精确的判断力，其后果就是诸事不成。那么什么样的人才拥有超强的洞察力呢？答案是，是一群见微知著的人，他们能从细小的枝节上发现大量不为人知的重要信息，灵光一闪，就能破解其中的奥秘，从而使自己能有力掌控事情的发展方向，轻轻松松便能达成目的。

提起洞察力，大多数人首先想到的便是柯南·道尔笔下的大侦探福尔摩斯，在和以前素未谋面的人打交道时，他可以马上判断出对方的年龄、职业、喜好以及过往经历，其料事如神的本事常常令对方错愕不已。第一次见到华生时，他就猜到了华生是一个去过阿富汗战场的军医。华生大感惊讶，他却不慌不忙地道出了自己猜中的理由。从举手投足的气质上看，华生较为符合军人的特征，从做派和风度上看，华生又很像一名医生，所以福尔摩斯认定他是名军医。华生脸色黝黑，显然刚从热带回来，手腕的皮肤黑白分明，说明他的面色并非其真实肤色。他面容憔悴，一副大病初愈的样子，显然是受了很多苦。左臂活动起来不灵便，应该是负伤所致。一名刚从热带回来的军医，手臂受了伤，并且历经艰苦，除了阿富汗，他还能从什么地方回来呢？

福尔摩斯仅仅根据一些显而易见的细节就能在不到一分钟的时间对陌生人做出准确的判断，足见其洞察力之深刻。洞察力不止跟灵感有关，还和知识储备和经验积累有关。很多人都看到过苹果落地的画面，苹果成熟掉落时，不知曾砸中过多少个脑袋，然而只有具备物理学知识的牛顿发现了万有引力的存在；食物发霉是生活的常见现象，绝大多数人都不会对变质的食物产生兴趣，但微生物学家弗莱明却从它身上发现了青霉素。牛顿从苹果落地发现万有引力、弗莱明从发霉变质的食物中发现青霉素，其原理就和福尔摩斯识人断案一样，他们都在某一领域积累了相当丰富的经验，且有相关知识储备，所以他们能从微小的细节中看到别人看不到的东西，能洞穿事物的表象，直接看到实质的东西。如果我们具备了同样的本领，那么在现实生活中就一定能无往而不利。

但凡洞察力深刻的人都有这样一个特点，他们既能看到"大图画"，又能看到经常被别人忽略的细小环节。在他们眼里，郁郁葱葱的森林不只是由树木组成的，它还包括形形色色的植物和大大小小的动物。观察事物时，他们能全方位、多角度分析，并能从看似不相干的线索上，看到一些内在规律和联系，不知不觉中就能按图索骥找到真相。倘若我们也能做到这一点，那么任何事情都将逃不开我们的眼睛，只要我们不放弃追索，答案就能渐渐浮出水面，无论在任何情况下，我们都能变被动为主动，成为人生赢家。

# 善叩冷门，学会另辟蹊径

有人说：成功都有着相似的版本，失败却各有各的原因。其实失败也有相似之处，比如大多数的失败者都比较缺乏眼光，所以会做出相同的错误的选择。平庸者最大的特点就是热衷于做别人的跟班，看到什么行业热门，完全不考虑自身的情况，也没有认真分析过该行业未来的发展趋势，便盲目投身其中。看到热门生意，顿时头脑发热，在没有掌握市场行情的情况下，贸然投资，结果不但没有赚到钱，反而亏得血本无归。

失败者的目光总是聚焦在"热门"上，以为"热门专业"、"热门行业"、"热门生意"代表的就是主流社会的东西，只有一心扑到人人向往的火热事业上，才能在一股股热潮中淘到有价值的金块。可事实是，"冷"和"热"只是一对相对的概念，今天的"热门"很有可能变成明天的"冷门"，别人眼中的"热门"，很有可能成为你生命中的"冷门"。"热门"未必会让你受益，你的人生很有可能就败在"热门"上。

在成功者眼中，"冷门"和"热门"是没有清晰界限的，有的人喜欢剑走偏锋，没有像别人那样千军万马过独木桥，结果反而取得了意想不到的成功。这说明别人普遍不看好的专业、行业未必是没有价值的，少有人走的路途中往往有别样的风景。具有超前眼光和前瞻性思维的人，投身冷门以后，往往会带动一个产业的蓬勃发展，而平庸的大众只能在热门行业日趋饱和或者已经发展到后劲乏力的情况下，才开始跨进这个领域，无论在思想上还是行动上都是滞后的。因此我们要用辩证的眼光看待冷门、热门，不要被固有的经验和狭隘的思维束缚住。

　　林洁报考大学时第一志愿填写的是某财经大学的金融学专业，谁知因为分数不够，被调剂到了某林学院的园艺专业。看着同校同学都如愿考上了热门专业，林洁的心里颇有些不是滋味，不过转念一想，园艺专业也许并没有想象得那么糟，虽然这个行业不被看好，但未来可能有更大的发展空间，毕竟每个城市里都需要优秀的园艺师。

　　在校期间林洁一直踏踏实实地学习，渐渐地她喜欢上了自己的专业，打算把园艺业当成终生职业来追求。同专业的同学大多不这样想，他们一心只想考取文凭，毕业之后都打算转行，其理由是冷门专业不好就业，趁年轻最好快点转行。一转眼四年过去了，不少同校同学都进入了别的行业，林洁却一心扎根园艺业，为了找到一份对口的工作，她辗转多个沿海城市，苦苦奔波数月之后，终于被上海的一家园艺公司录用了。

　　由于涉及方案屡次得到客户的赞赏，刚刚工作一年，她就被提拔为公司的部门经理。若干年后，她创建了属于自己的园艺公司，主营业务包括庭院绿化、花坛制作、花卉租赁等。作为一个年轻的女老板，林洁无疑是成功的，她的成就令同校的同学羡慕不已。那些转行的同学，现在要么在当文员，要么在当行政助理，好几年过去了，他们还在原地打转，更有甚者被更年轻的新一代取代，成为了被后浪拍死在沙滩上的前浪。看到林洁在园艺业干得风生水起，很多人都后悔不已，没有人能预想到林洁在冷门行业居然也能做出名堂，而一向被看好的办公室文员、行政助理等岗位，由于技术含量不高，竞争的人又太多，反而让人看不到更好的前景了。

　　在择业、就业方面不要盲目追逐热门，在创业方面最好遵循同样的原则，有时候与其和别人争抢热门生意，还不如另辟蹊径做自己的独门生意。近些年来，有不少年轻人敢于开动脑筋，努力发挥自己的聪明才智，都取得了不俗的成就。比如有一位"90后"从食客花费数小时到热门餐馆排队的现象背后发现了商机，创立了一家名为"时间工坊"的电商平台，主营业务就是代人排队，每单业务收入十元。在短短两天时间里，就揽到了20笔业务。有位厨师突发奇想，辞掉了稳定的工作，自己当起了老板，专门为顾客提供上门服务，把一道道色香味俱全的美味佳肴直接端上了消费者的餐桌。还有位创业者专门售卖"80后"的专属零食，比如西瓜泡泡糖、酒心巧克力之类的，这些小零食用熟悉而带有怀旧色彩的味道，勾起了整整一代人的回忆，因此一经推出就大受欢迎，那位年轻的老板也因此获得了可观的收入。由此可见，从冷门行业里淘到金块，并不是首屈一指的精英人物的专利，我们普通人只要眼光准，也能成就一番事业。

## 开阔眼界，打破思维里的"高墙"

一个人要想有所成就，必须要有超强的思维能力。思维是创造力的核心，人类的一切创造性活动都与发散性思维有关，所以恩格斯才会热情洋溢地把思维比喻成"地球上最美丽的花朵"。的确，假如没有了神奇的思维，人类社会所有光辉灿烂的文明也将不复存在了。纵观世界上那些在特定领域做出杰出贡献的伟大人物，他们最大的共同点就是，普遍具有超越常人的思维能力。爱迪生从小就喜欢钻研思考，思维方式和常人大为不同，长大以后成为了举世闻名的发明大王。可见，是非凡的思维造就了非凡的人才。

杰出人物和普通人思考问题的方式是不一样的，他们从不会给自己的思维设限，普通人只能看到一种路径和一种方法，他们则能看到无数条路径和无数种方法。比如同样是爬山，普通人只知道沿着现有的山路前进，他们却能从不同的角度不同的方向找到无数的路线。一座高山，在普通人眼里，只是一幅僵化的图景，在他们眼里却千变万化犹如活物，有一种"横看成岭侧成峰"的层次感。再比如采摘树上的果实，普通人首先想到的是爬树，如果树太高爬不上去，要么放弃，要么酸溜溜地把得不到的果子说成酸葡萄。而杰出人物通常不会这么做，他们会借助梯子、竹竿等多种工具，成功获取果实，然后快乐地享受那份甘甜。

那么究竟是什么造就了普通人和杰出人物思维上的差距呢？普通人有没有希望提升自己的思维能力呢？其实思维的广度是由视野决定的。普通人思维太窄，拓展不开，主要是因为被狭小的视野限制住了。譬如一只小虫，会把一间小小的房间误认作是整个宇宙，在房间里爬动一会儿就认为自己已经在周游世界了。而一匹驰骋草原的骏马，看到的是广袤的大草原和望不到边际的地平线，它的视野是无比开阔的，眼中的世界自然和小虫不一样，思维方式也自然和小虫大不相同。

视野开阔了，悟性也就随之提高了，思维里的"高墙"也就被打破了。有了天文望远镜以后，人类对宇宙对星系有了更多的认识，思维就不再被局限在地心说上了。有了互联网以后，整个地球都好像变成了一个小小的村落，通过一个小小的银屏，你可以浏览世界各地的精彩信息，思维突破了地域和国家的阻隔。

科技可以让我们超越自身的局限，如果你具备足够多的知识，善于运用科学工具，的确可以极大地提升自己的思维能力。但仅仅靠科技还不足以扩大我们的视野，正所谓"读万卷书，行万里路"，在深居简出的情况下，我们是没有办法开阔眼界、提升自身的思维能力的。我们必须勇于走出去，用更广阔的视角观察人类社会以及形形色色的人，在波澜壮阔的巨幅背景下审视我们自身，如此才能更好地提升思维悟性。

在意大利中部地区，有一个坐落在山谷内的古老村落，这里的村民世代挑水饮用，每天都要走很远的山路。后来村长雇佣了两个年轻人，让他们提着大水桶到很远的河里为村民取水。这份工作非常辛苦，两个年轻人每天日出而作，日落而息才能完成挑水任务，途中还要翻山越岭、负重前行，其中的艰辛自不必说，更糟糕的是他们没有时间做其他的事情，生活毫无乐趣可言。

虽然处境相同，但两个年轻人的想法不同。第一个年轻人一心想着攒钱建屋，并没有把挑水当成苦差事。第二个年轻人却不甘心长期当苦力，他想假如能把远方的河水引到村里，自己不是就不用那么辛苦地挑水了吗？有一天，他把这个想法告诉了村长，建议村里集资修建引水管道，把远水引到山谷里来。村长把这个提议告诉了广大村民，没想到遭到了大部分村民的强烈反对，他们给出的理由很简单，这里的人祖祖辈辈都靠挑水生活，谁也没想过引水取用，更不要说什么修建引水工程之类的事情了。他们觉得这个想法完全是天方夜谭，根本实现不了。第一个年轻人也劝第二个年轻人说，不要再异想天开了，免得砸了自己的饭碗。

虽然没有得到大家的支持，但第二个年轻人仍然没有灰心，无论工作有多累，他都要抽出时间和少数几个支持自己的人偷偷修建管道，他把挑水赚来的钱全部投了进去。几年之后，他修建的管道把整个村子都连通了。他终于实现了当年的宏愿，把山外的河水引到了村子。此后他一直靠卖水为业，由于从管道流出的水比挑来的水便宜很多，村民纷纷向他买水，他因此而获得了一笔不小的收入。而他的那个挑水的同伴由于赚不到钱，只好背井离乡到别的地方挑水了，然后继续扮演廉价劳动力的角色。

故事中的第一个年轻人和山谷里的其他村民一样，眼界狭窄，缺少活跃的思维能力，看问题只遵循一条思路，只知挑水不知引水。而第二个年轻人显然视野更开阔一些，从事挑水工作以后，他看到了山谷外的世界，思维便不再局限在那个闭塞的小村庄里了，故而产生了修建引水工程的想法。这个故事告诉我们，我们必须走出熟悉的狭小世界，让自己置身在更广阔的空间里，才能摆脱原有的狭隘思维，找到更多的出路。

## 到位不越位，有为不乱为

熟悉《三国演义》的读者，在回顾杨修之死的经典片段时，一定会大发感慨。有人认为杨修的悲剧是曹操嫉贤妒能所致，有人则认为造成这种局面，杨修本人也要负一定的责任，如果他不那么恃才傲物，也不至于招来杀身之祸。其实曹操对杨修动了杀机，更深层次的原因是他自作聪明将曹操随口说出的"鸡肋"二字当成撤兵的信号，并越俎代庖地号令部下私自撤退，此举已然扰乱了军心，所以曹操才会对其杀之而后快。

在职场上，类似于杨修这样的员工是大有人在的，他们普遍自以为是，比较喜欢卖弄，常常插手超出自己职责范围以外的事情，遇事总是自作主张，多次有越级越位的表现，结果遭到了上级的反感和打压，越想出位反而越难出头。有些人或许会感到委屈，不由得把上司想象成了曹操式的迫害狂，其实在解读杨修之死时，我们不能把杨修的悲惨结局怪罪在曹操一个人头上，同样，一名职员因为做事总爱越俎代庖而受到惩处，并非是因为上司心胸狭隘所致，而是因为在职场生活中，每个人都应该各司其职，未经授权，就自作主张代替上司做决定，本身就是一种违规的行为，即便受到军法处置也谈不上冤枉。

凡事都要讲究"度"，在组织结构中，各层级之间本来就有鲜明的界限，聪明人从来不会妄图跨越这种界限，即使深受上司宠信，也不会尝试代替他发号施令，因为这样做既是一种目中无人的表现，又会被怀疑有架空领导之嫌，在办公室里几乎是不能被容忍的。能做出这种蠢事的人要么是太没有眼力，要么就是太急于表现自己，无论你的出发点是什么，也无论你有没有能力把事情处理好，你的行为都只会招人嫌弃，想要获得认可，几乎是不可能的。

苏梅是一个风风火火的女孩，凡事都喜欢抢风头，只要一出场势必成为焦点人物，引来很多人向她行注目礼。她很享受这种感觉，所以越来越目空一切。每次开会时，部门主管还没发话，她便抢先发言了，讲起话来更强有力、头头是道，俨然把自己当成了部门负责人。陪客户用餐时，她总是抢先打招呼，第一个举杯敬酒的人也是她，主管反而被冷落到一旁，很多新顾客常常误以为她就是部门主管。有的同事实在看不下去了，就提醒她做事不要越位，没想到她却不以为然地说："我不是担心冷场吗？我这样做也是为了营造一个和谐轻松的气氛嘛。"

有一次，和客户洽谈业务，苏梅遇到了老同学，简单地叙旧以后，双方开始谈论合作事宜，由于老同学对公司的产品有兴趣，又比较念旧情，所以很想签下大单，但是在谈到合同上的一些细节时，双方并没有完全达成一致。老同学想要得到额外的优惠，希望苏梅能把相关条款加到合同里，按照惯例，遇到这种情况，苏梅是应该请示主管的。但是她并没有这样做，居然在主管不知情的情况下，自作主张地修改了合同条款，自己拍板拿下了这笔业务。虽然这笔合同给公司带来了一笔可观的利润，但是苏梅并没有受到表扬，反而遭到了主管和老板的一致斥责。

在一次例会上，主管看着苏梅严肃地批评道："做事主动积极是件好事，但是凡事都要有度，不能过头，尤其不能越位。在其位谋其政的道理我想在座的各位都懂得，一个人必须摆正自己的位置，弄清自己的角色，知道什么该做什么不该做。如果公司里人人都能越级越权处理事情，那么工作早就乱套了。"老板在私下里也找苏梅谈过话："合同条款是由总监定的，连部门主管都没有资格修改，如果有变更的必要，也得由主管向上申报，经总监批准才行。你只是一个业务员，怎么能在不通知主管的情况下，私自做决定修改合同呢？你这样做明显是越权行为，这在公司里是不能被容忍的。为了让你汲取教训，我决定扣发你的全额奖金，这笔订单的提成也被扣掉了。以后你要是还是不长记性的话，就自己主动请辞吧。我也不想再花费心思管教没规矩的员工。"

对于本职工作，我们一定要做到位，但超出自己职责范畴的事，千万不要越位去做。做事要拿捏好分寸，该表现的时候要努力制造惊喜，让他们有眼前一亮的感觉，不该表现的时候最好收敛一些，千万不要过于造次，做出出格的事情来。无论如何，都不要让自己有越位行为，要记住越位并不能让你上位，它只会让你摔得更惨。在职场上打拼，一定要恪守自己的本分，做到守位不越位，有为不乱为，只有这样你才能被器重、被信任，获得更好的发展。

# 与优秀者为伍，好比与强者共骑

西班牙作家塞万提斯曾经有一句至理名言："看你的朋友，就可以知道你是什么样的人。"的确，人们更喜欢跟那些和自己旗鼓相当、性格相近的人来往，这本身没有什么问题。因为相似的人有着更多的共同话题，在很多事情上立场和观点都有着惊人的一致性，所以会产生惺惺相惜、志同道合的感觉。但是你要想变得更优秀，就必须跟比自己优秀的人交往，因为假如你的朋友圈里都是和自己能力相当的人，那么你的见识、你的能力一辈子都不可能有什么实质性的扩展和提高。

与优秀者为伍，好比与强者共骑。只有与优秀者同行，你才有机会汲取他们的经验，分享他们的智慧，更快更好地提升自己。诚然，和优秀的人交往需要承受很大的压力，居于强者之林，你时时刻刻都能感受到自己与他们之间的巨大差距，在感觉上远不如和自己能力相近的人在一起轻松惬意。但是正所谓没有压力就没有动力，在强者面前，你能更清醒地看到自身的不足，如果你能承受住打击，愿意自觉地向他们取经学习，经过不懈地努力，也许终有一日也能站在和他们相同的高度上。

要想获得事业上的成功，就要不断刺激自己力争上游，与优秀者为伍是一条最有效的捷径，他们既能逼迫你奋起直追，又能为你提供更广阔的视野和更实用的经验，与这样人的同行，你每天都能获得成长和进步，未来的道路势必越来越宽广。股神巴菲特在交友方面曾建议说："你需要和比你优秀的人待在一起。"大文豪高尔基也说："应该努力跟那些比你强，比你聪明的人做朋友。"是的，好的朋友不仅是志趣相投的益友，也应该是能为我们传道授业解惑的良师。结交更优秀的朋友，既得良师又得益友，何乐而不为呢？

美国有一个叫亚当的少年，对当代实业家的成功故事非常着迷，不过他认为杂志上刊载的文章，并不能如实反映这些企业家的全貌，那些评论只是一些空洞的泛泛之言，只能作为一种参考罢了。亚当坚信，假如有机会和那些成功人士面对面交谈，一定能得到不少有益的忠告，于是便决定亲自去拜访他们。

亚当第一个目标就是威廉·亚斯达。有一天他一个人跑到纽约，一大早就冒冒失失地闯进了亚斯达工作的事务所。在第二间办公室，他一眼认出了自己想要找的人，不由得激动万分。最初，亚斯达对这个莽撞的少年印象很不好，但是听到对方向自己请教如何赚取百万美元的问题之后，居然对他产生了莫名的好感。两人交谈了一个小时，亚斯达愉快地将自己成功的经验分享给了这位少年，并告诉他最好找机会访问一下其他实业界的名人。

亚当听从了亚斯达的建议，此后他拜访了许多成功的商人和银行家以及业界鼎鼎大名的总编辑，这些人给了他很多忠告。尽管这些忠告并不能启发他马上找到成功的方法，但是却给了他极大的信心，他相信只要肯努力，自己终有一天也能成为像他们那样的人。

在美国杂志界有一个叫艾德沃·波克的传奇人物，他和少年亚当一样，年纪很小的时候就热衷于跟优秀人士打交道，并且凭借着这些优势资源，把自己主编的杂志变成了风靡全美的品牌杂志。据说他成功时还不到20岁，可谓是年少成名的典型案例。

艾德沃·波克家境远不如亚当，六岁那年他跟随父母移民到了美国，长期定居在贫民窟。由于家境贫寒，他只上了六年学就被迫走上了社会。虽然没有条件继续接受教育，但他从来没有放弃学习，为了增长见识，他把辛苦赚来的工钱和省下的午餐费一点一点积攒起来，买了一套《全美名流人物传记大成》的书籍。

阅读完了整套书籍以后，艾德沃·波克做出了一个让人震惊的举动，他开始给书中的人物写信，直接向他们询问一些往事，比如问总统候选人是不是真的在拖船上做过工，问格兰特将军关于南北战争的真实情况。通过信件往来，他认识了许多知名的诗人、作家、商人、哲学家以及政要名流。名人们对这个年仅 14 岁的少年非常友好，认为他是一个充满好奇心和上进心的年轻人，因此有不少人还抽空亲自接见了他。

在和名人交往期间，艾德沃·波克努力提高写作水平，后来主动提出愿意为他们写传记。没过多久，他就收到了很多订单。凭借着撰写名人传记的影响力，艾德沃·波克被《家庭妇女杂志》录用了，之后他成为了业界最有声望的杂志编辑之一，把这份普通的杂志办成了畅销全国的知名刊物。

与优秀者为伍最重要的是做到不卑不亢，建交的途径多种多样，需要注意的是你必须主动创造与他们交往的机会。要想交到更优秀的朋友，就不能局限于公司内部的社交，而要多多参加公司以外的各类聚会或者各类行业的交流会，在不同的场合，你总能结交到不同行业的优秀人士，这些人的一言一行都有可能给你带来重要启发，主动向他们学习，你必然能受益终生。

# 用慧眼审视当下，用思路"买断"未来

有位哲人说：眼睛能看到的地方叫视力，眼睛看不到的地方叫眼光。显然目力所及的地方都是我们的视力范围。对于视力正常的人来说，你能看见的东西，他当然也能看得清清楚楚。眼光则不同了，它是视力触及不到的地方，比如近在眼前的睫毛我们看不见，遥不可及的风景我们也看不见，无论是最近还是最远的东西，我们都难以体察，但是有眼光的人却不一样，他们既能察觉眼前，又能看到远方，既能把握现在，又能洞悉未来，这就是他们能超越于常人的根本原因。

在同一条时间线上，现在和未来就好比是距离最远的两个点，但是在时空折叠的情况下，最远的也可以变成最近的。其实在正常情况下，近在咫尺的距离也可以变得无限遥远。比如你想到达离自己最近的一栋房屋，但是如果把方向弄反了，需要绕上地球一周才能抵达，那么最近的地方就成了最遥远的地方。现在和未来的距离也是一样，它们可近可远。成功者能参透其中的奥妙，所以他们才能看到我们看不到的东西。

我们没法洞穿未来，是因为我们的视野局限在眼前，成功者则不是这样，他们能看到事物的潜在价值，能洞悉它未来的发展动向，所以常常在我们看不清形势的时候，便做出了惊人之举。比如李嘉诚在地产低潮期时，选择了大举入市，完成了由塑胶厂老板到地产大鳄的华丽蜕变。

未来距离我们太过遥远，我们没有办法缩短它和现在的距离，所以我们不能预测未来。而成功者却可以使它们变得无限接近，沿着现在的时间点一下子就看到了未来的时间点，因而做出了很多富有前瞻性的举动。那么对于现在又怎样呢？我们是否有能力把当下的形式都看得清清楚楚呢？很遗憾，答案是否定的。就像眼睛看不到睫毛一样，距离我们最近的东西，我们往往看不到。

15 年前，人们普遍看不到小企业的价值，也没有想过要给小企业搭建商务平台，在大多数人眼里，小企业就好比蚊子身上的大腿肉，根本就不可能挖掘出有油水的东西来。马云却认为虾米虽小，但是虾米肉却是有利润可图的，所以他比较看好小企业，多年来只专注小企业，为小企业量身定做了一套涵盖物流配送、诚信评价、产品信息以及下单支付等模块的商务系统，把阿里巴巴做成了全国最大的互联网商务平台。对于同样近在眼前的事物，我们看不到它的价值，马云看到了，所以马云成功了，而我们还是在原地踏步。无数成功者的例子告诉我们，眼光比视力重要，我们只有培养出敏锐的眼光，才能把握好现在和未来，才能奔向更美好的生活。

随着电影《阿凡达》的热映，全球掀起了 3D 影像技术革命，世界各地的观众都佩戴着特制的眼镜坐在漆黑的影院里享受视觉上的饕餮盛宴，然而又有谁会想过未来的某一天人们可以摘掉特制眼镜，直接用肉眼观看没有银幕但却更加逼真的立体电影？这无疑是一个超前的想法，其实早在 2009 年，陈越孟就开始着手这个项目了，为了研发"裸视无屏"四维数码技术，他重重地投入了一笔。多年以来，他一直致力于打造科技、艺术完美结合的新型数码产品，而今正逐步把科学创想渐渐转化为现实。

最初业内人士普遍不看好这一技术，认为它纯粹是个科学幻想，实现起来难度太大，为了让更多的人了解四维数码技术的价值，陈越孟带领团队耗费了半年多的时间做市场调研，并由多名专家论证，最终证明该技术在全球范围内居于领先地位，具有很好的市场前景。据陈越孟分析，目前，四维数码技术早已经应用到了 3D 电影、3D 电视和 3D 城市规划的展示方面，随着该技术的日臻成熟和完美，它必将大规模地应用于立体电视和立体电影领域。

"裸视无屏"听起来既新奇又神秘，通俗地讲，就是不借助电影屏幕也无须佩戴特制眼镜的情况下，将立体影像投放于现实的空间中。这种观影体验是非常特别的，它直接拉近了观众与光影的距离，使其更有身临其境之感，如果该技术像 3D 影像技术那样普及开来，无疑又将掀起一场技术革命。在正式投放各大院线前，四维数码技术已经在教育界展开了试点应用。从未来前景来看，它极有可能在电影和电视领域造成颠覆性影响，而陈越孟本人则会成为该项目的最大赢家。

绝大多数的成功者均具备这样一个特质，那便是既能用慧眼审视当下，又能用思路"买断"未来。因为独具慧眼，他们能运筹帷幄，做出最恰当的选择，因为对未来形势有着很强的洞察力，他们能在自己看好的领域取得成功。我们想做到这一点，必须要让自己的眼光犀利起来，否则永远都不会有机会打一场漂亮的翻身仗。

# 第四章

## 胆略是智慧和勇气的"碰撞"

有句格言说得好："大量的有才能的人失落于尘世间，只因缺少一点勇气。"不错，胆略是智慧和勇气的碰撞，关键时刻，如果没有最后一跃的胆量，是无论如何也不会成就伟大的基业的。一个缺乏胆略的人，即使遇上了千载难逢的好机会，也注定会失之交臂。冒险和尝试，是迈向成功之路的第一步，只有拥有敢为天下先的勇气，你才能成为时代的领路人，开启辉煌的人生序幕。然而只有一个良好的开端是远远不够的，最后的临门一脚往往比任何过程都重要，这就需要你在关键时刻不要胆怯，要拿出背水一战、破釜沉舟的勇气来，敢于险中求胜，努力为自己的奋斗生涯收好尾，如此才能成就非凡的人生格局，成就不一样的自己。

当然不是每一次冒险都能换来巨大的成功，但不敢冒险，成功的概率便完全为零。美国经济学家梭罗指出："有胆识的冒险，虽然有失败的可能；但没有冒险的胆识，注定会失败。"想要成功必须富有冒险精神，墨守成规、谨小慎微是不可能做出任何开创性事业的。只有具备了足够的胆识，你才能把自己的人生格局想象得无限大，拓展得无限大，从而成就非凡的人生。

## 勇做第一个吃螃蟹的人

鲁迅曾经以高昂的笔调热情称赞过第一个敢于吃螃蟹的人，并称其为勇士。而今螃蟹已经成了千家万户餐桌上的美食，谁也不会认为敢吃螃蟹的人勇气可嘉了，所以只有第一个吃螃蟹的人得以名留青史。仔细观察，你会发现螃蟹其实是凶横狰狞的，尤其是那对具有杀伤力的利钳，让人一看便心惊胆寒，在不知螃蟹为何物的年代，敢于尝试吃螃蟹的人，确实是有超凡胆识的。

今天我们形容一个人有胆略有魄力，常用"敢于第一个吃螃蟹的人"来称赞他，足以说明面对未知事物，敢于第一个冲上去一探究竟，需要具有多大的勇气。他可能面临失败，或者成为别人的笑柄，遭到众人奚落和耻笑，也可能成为划时代的非凡人物，开启一个时代的新纪元。无论在任何时代，都需要一个敢为天下先的人物，这个人可能被历史铭记，也可能饱受争议，但永远都不会被忘记，因为作为开拓者，无论成败，他的努力都会为后人指明方向。

试想假如没人敢制造蒸汽机，人类现在还会停留在依靠马车代步的落后时代；假如没人敢尝试登月，人类的活动将永远局限在地球上。所有的奇迹都是建立在冒险精神的基础上的。一个人想要获得成功，必须要有冒险精神，谨小慎微、畏手畏脚的人是什么大事也做不成的。

一个人想要取得超凡成就，只有高智商是不够的，因为在大多数情况下情商比智商重要，那么具有高情商的人就一定能成功吗？其实不是。当代社会有不少出类拔萃的职业经理人，他们可谓是高智商、高情商的代表，但是这些精英当中极少有人能成为大老板，他们的成就也很难超越自己的老板。这是为什么呢？这是因为智商和情商双高的人考虑事情比较周到全面，做事难免畏首畏尾，这样的人会成为一流的执行者，可是永远成不了第一个吃螃蟹的人。而他们的老板在智商和情商上未必能超过他们，但胆商却是第一的，可见胆商才是让一个人从优秀走向卓越最关键的一步。

章金火毕业于 20 世纪 80 年代，那时的大学生是国内的稀缺资源，找工作是非常容易的，所以他刚毕业就得到了一份稳定的工作。本来他的前途一片光明，日子也可以就这么不温不火地进行下去。可是他并不想安安稳稳地过一辈子，于是便做出了一个大胆的决定——辞去工作，只身到纽约闯荡。

章金火第一次进入世贸中心大楼时，在 1 号楼里看不见一个中国人的面孔，当时他就下定决心，作为一个中国人，他一定要在这里占得一席之地，他要让全世界看到中国人的风采。临近圣诞，章金火接到了一笔生意，可是不知什么原因销售商突然变卦了，四十多吨的圣诞灯积压在仓库里，他愁得好几天都没有合眼，好在后来找到了一个专用工具连锁店的商人，将其发展成了事业合作伙伴，积压的存货才得以陆陆续续卖出。

赚到第一桶金之后，章金火做的第一件事就是在世贸中心租了一个办公室，成了第一个入驻 1 号楼的中国人。接着他成立了进出口贸易公司，经过多年的努力奋斗，把自己的连锁店开遍了美国各州，而今他已经成为了一名成功的企业家。回顾自己所走过的路，他总结道："闯江湖这么多年，要做一个敢于第一个吃螃蟹的人，勤奋、智慧、胆识一样都不能少。"

罗斯福曾经说过："在人的一生中，没有什么可值得害怕的，唯一值得害怕的，只是害怕本身。"人是需要一点冒险精神的，你只有敢于搏击风浪，才有可能成为时代的弄潮儿。随波逐流一辈子都不会有出息的。在这个世界上，到处都有默默无闻的天才，他们之所以碌碌无为最重要的一个原因是没有勇气冒险，不敢接受人生的挑战。

在回顾自己一生的时候，大部分人最后悔的不是做了不该做的事，而是想做的事没有勇气去做，以至于遗憾终生。因此要想一生无憾，就要敢于冒险，敢于尝试，无论成败，至少你曾经努力过。俗话说：人生一世，草木一秋。人活一生总要留下一些亮点才不枉在地球上行走过，流星闪耀天际，尚能留下刹那的光华，我们拥有数十载春秋，哪怕只有一刻的闪光，这一生也算值得过，冒一点风险又算得了什么？

## 人生最大的危险，就是不冒任何风险

我们生活在一个快节奏的时代，整个社会犹如一部庞大的机器日夜不息地高速运转着，使得我们眼前的一切都在悄然之间发生着改变。

对于广大年轻人而言，目前的处境正符合狄更斯在《双城记》里的经典描述："这是一个最好的时代，这是一个最坏的时代"，"这是希望之春，这是失望之冬"，"人们面前应有尽有，人们面前一无所有……"是的，年轻的我们可能两手空空、一无所有，对未来感到无比失望，在时代的洪流中茫然四顾不知所措，我们多希望像父辈那样待在一个安全的环境里，不必冒任何风险，平平淡淡地走完一生，可惜我们回不去了，我们唯一能做的事就是跌跌撞撞探索，在冒险中寻找出路。

其实绝大多数人是排斥风险的，风险会给人带来压力，带来不安全感。安于现状才是根深蒂固的人性，人们渴望待在"舒适圈"里消磨度日，尽管这种生活会消磨人的斗志，泯灭人对理想的渴望。而今时代不同了，如果我们还是渴求安逸，拒绝冒险，那么时刻都面临着危机和风险。

李嘉诚曾经告诫我们说："年轻人不要试图追求安全感，特别是年轻的时候，周遭环境从来都不会有绝对的安全感，如果你觉得安全了，很有可能暗藏危机。真正的安全感，来自你对自己的信心，是你每个阶段性目标的实现。而真正的归属感，在于你的内心深处，对自己命运的把控，因为你最大的对手永远都是自己。"生活在这个急剧变化的时代，想要一劳永逸是不现实的，所以不要总奢望自己能一辈子躺在安全幸福的港湾里，每天过着安逸舒适的生活，那样的生活不属于我们当中的绝大多数人，对于我们而言，人生最大的风险就是不冒任何风险，不肯冒险就意味着平庸，而对于供过于求的劳动力市场而言，平庸就意味着随时都有可能出局，如果我们没有胆识，如果我们不够出色，我们未来每走一步都将步步惊心，这种风险要比冒险本身可怕百倍。

廖峰和吴芳芳是大学同学，毕业之后两人各自在自己的领域打拼，直到十年后一个偶然的机会两人又见面了。十年后，廖峰已经成了一家集团公司的老板，他在招聘打字员的时候，见到了自己的老同学吴芳芳，她是前来应聘的。

那次见面是无比尴尬的，吴芳芳坦言自己做了十年行政助理，后来因为公司倒闭了，她不得不重新找一份新工作，到了人才市场才发现，自己已经过了当助理的年龄，几乎所有的招聘都要求助理人员的年龄必须在 30 岁以内，万般无奈之下，她只好改行了。"我没有其他方面的经验，只是字打得飞快，这也算项特长吧，如果你对年龄方面没有硬性要求，我想我还是比较适合这个岗位的。"吴芳芳很诚恳地说。

廖峰录用了她，不过作为老同学，他必须让她认清现实问题："其实你有很多优点，上大学时你各方面的表现都是很出色的。你这个人最大的问题就是胆子太小，而且安于现状，过分贪恋安逸的生活，所以才会有今天。作为同学，我必须提醒你，当一辈子打字员是一件很不现实的事，你不能把这份工作当成自己的终生职业，这份工作没有上升空间，待遇也不好，你在这里干十年也不会有什么前途的。"

"前途、待遇我都不在乎，只要能有一份安稳的工作就行，我不想再奔波下去了，也不想面对那么多不确定性。"吴芳芳如是说。廖峰语气严肃地说："如果我的公司也破产倒闭了，你想过自己该怎么办吗？我破产了还可以东山再起，因为我敢尝试敢冒险，你呢，你失业了还要重新找工作，那时你年龄更大，而且没有掌握任何可以让自己更有竞争力的技术，根本就竞争不过年轻人，这些问题你都认真考虑过吗？"吴芳芳低下了头，两人陷入了长久的沉默。

现实生活告诉我们，越想安于现状，生活便越动荡。人生在世，本来周围就充满风险，绝对的安全是不存在的，世上也没有永恒的安乐窝。我们要勇于接受风雨的洗礼，敢于打拼，敢于冒险，一定要让自己全身的血液沸腾起来，这样才算没有辜负自己的热血青春，才算真正勇敢活过一回。

# 机遇总是伴随着风险来敲门

有人说：生命本身就是一场冒险，走得最远的人通常都是那些更富冒险精神的人。的确，机遇和风险是并存的，不担风险的人往往得不到成功的机会，要想脱颖而出几乎是不可能的。一个人要想成就一番大业，必须把自己从怯懦软弱中解放出来。

微软创始人比尔·盖茨认为，成功的首要因素就是冒险。在他看来，无论经营任何事业，如果把风险的因素全部消除的话，那么成功的机会也被全部抹杀了。假如一个机会没有伴随任何风险，那么这样的机会根本就不值得浪费时间和心力去尝试。石油大亨洛克菲勒在教育儿子时也说："谨慎并非完美的成功之道。不管我们做什么，乃至我们的人生，我们都必须在冒险与谨慎之间做出选择。而有些时候，靠冒险获胜的机会要比谨慎大得多。"

一个人想要获得成功，就不能企图把一切的风险规避在门外，因为你把风险关在门外的同时，也把机会推到了千里之外。事实上，风险和机遇是相伴相生的，当机遇来敲门时，风险也来叩门了。不敢承担风险的人，是一辈子也接不到天上掉下来的馅饼的。在多数情况下，风险和收益是成正比的，要想获得多大的成就，就必须经得起多大风险，总想着小试牛刀、谨慎起见的人，即使遇上大好机遇，也不会有胆量和气魄去搏击一回，机会对他们来说还有什么意义呢？

相同的环境，相似的成长背景，为什么有的人就能白手起家成就一番事业，而有的人却一辈子无所作为呢？两者之所以有那么大的差距，主要是因为他们对待风险的态度不同。这就好比被抛进同一片土地里的种子，第一颗种子想：我必须把根深深地扎进泥土里，趁着温度适宜、雨水丰沛的时候努力向上生长，只要我长成了一株茂盛的植物，就能沐浴风霜雨露，看到世间万般美景了。于是它拼命向上生长，长得枝繁叶茂，度过了一个又一个春夏秋冬，饱览了人间胜景。第二颗种子却想：我向上生长，碰到坚硬的岩石怎么办？要是向下扎根，又怕伤到自己脆弱的神经。如果破土而出长出嫩芽，搞不好会成为蜗牛的美餐。要是开花结果，可能会被调皮的小孩连根拔起。为了安全考虑，我还是乖乖待在土里比较好。于是它便长期瑟缩在土里，最后被一只公鸡啄了出来，吃进了肚里。第二颗种子为了规避风险，主动放弃了破土而出的机会，所以它一辈子都没能茁壮成长起来，最后竟成了公鸡腹中的食物，真是可悲可叹。我们人类又何尝不是如此呢？总想出人头地却不肯冒险，世上哪有这种违背常理的好事呢？事实告诉我们，要想有所作为，就必须鼓起勇气承担责任和风险。

　　丁毅辛苦打拼了十多年，如今还是在车间当工人，有一天他向好友抱怨说："我觉得在这个世界上没有人比我更能吃苦耐劳了，可是为什么我的人生就一点起色都没有？"好友问："你努力改变现状了吗？"丁毅说："我也想过要改变，可是又不想冒风险，所以很多想法都没有付诸实践，想法只不过是想法而已。以前我想过自己做生意，因为怕赔钱所以没干成。我想过到专业的培训机构学习新知识新技能，因为怕学不会白交学费，所以没去报名。我想过到同学的公司帮忙，因为怕自己做不好给同学添麻烦，所以就放弃了这个念头。"

　　好友并没有对丁毅的人生予以置评，而是给他讲了一则寓言故事：有人问农夫是否种下了麦子。农夫说："没有，小麦抗旱能力差，我担心天不下雨，所以没种小麦。"那人又问："那你有没有种棉花？"农夫说："没有。棉花这种作物最爱闹虫灾了，我担心虫子吃棉花，所以没种棉花。"那人又问:"那么你种了什么呢?"农夫回答说:"种什么都不安全,种什么都会给我带来损失,为了安全起见,我什么也没种。"

丁毅听了这则故事之后,马上说:"世上不会有这么傻的农夫,无论天下不下雨,也无论有没有虫害,他们都会播种作物的。怎么可能什么都不种呢?"好友说:"可是无论种什么,他都必须承担风险啊。""就算要承担风险,也必须得种东西啊,不去播种怎么可能有收获呢?"丁毅说。朋友笑了:"是啊,任何尝试都是有风险的,但是又不能不尝试,不肯冒险尝试就不会有收获。既然你明白这个道理,为什么还束手束脚,不敢大胆尝试自己想做的事情呢?"丁毅一时语塞,陷入了思考。

把风险降低到零,唯一的方式就是什么也不做,这样当然不可能有任何收获。著名经济学家斯通说过:"生命是一个奥秘,它的价值在于探索。因而,生命的唯一养料就是冒险。"是的,你只有肯探索、肯冒险,才有机会让自己的生命之树变得枝繁叶茂。机会不是等来的,而是你冒险争取来的,它从不垂青于守株待兔的人,而只会钟爱那些敢于迎接风险挑战、敢于放手一搏的人。所以冒险是成功的必修课,不敢冒险尝试的人注定一事无成。

# 冒险不是孤注一掷的鲁莽

张黎刚骨子里天生就有一种野性，他每走一步都跨度极大，而且常常出乎所有人预料，但是比起那些冒险事迹，他在巅峰时刻急流勇退的选择其实更加耐人寻味。比如眼看就要获得复旦大学生物系学位了，然而在这样一个光耀门楣的时刻，他却做出了让周围人大跌眼镜的决定，毅然放弃了那张金光闪闪的证书，办理了退学手续，转身去了大洋彼岸的美国。

刚到美国留学时，张黎刚半工半读，课余时间在明尼苏达的一所普通大学的食堂里刷盘子赚取生活费及学费。打工期间，张黎刚一直疯狂地做着哈佛梦，立志进入美国一流学府攻读研究生。他接连向哈佛大学申请了两次，都被拒绝了，申请第三次时，才获取了入学资格。张黎刚终于圆了哈佛梦，不仅拿下了硕士证书，还差点拿到了遗传学博士学位，然而在即将拿到那张颇有分量的学位证书时，张黎刚却又一次退学了，选择了跟随张朝阳回国创业。

两个人步步为营地把搜狐网一点点做大了，作为曾经为公司立下过汗马功劳的得力大将，张黎刚荣升到了第一副总裁的位置，换作别人，一定会感到分外荣耀，然而张黎刚却选择了抽身而退，他出人意料地递交了辞呈，理由是他想尝试创建属于自己的公司。后来他一手创建了e龙网，把该网站发展成了国内第二大旅游网站，然而在网站蓬勃发展的壮大时期，他默默离开了，随后创建了爱康网。

经常有人问张黎刚为何要在人生阶段进入高潮时选择了退出，这样做难道就不感到后悔和遗憾吗？张黎刚每次都回答说他不为自己的选择感到遗憾，他每一次冒险冲浪都是为了踏上新的征途，抽身离开则是为了找到更适合自己的方向，他说，冒险不是逞匹夫之勇，也不是莽撞行事，而是为了开辟更好的航向。他认为能够凌驾于命运之上，主动把控自己人生方向的人才算得上是顶天立地，头脑冷静、知进退比一味蛮干要明智得多。

长期以来，人们对冒险的认识存在着各种各样的误区。有的人把冒险看成了一场不顾危险、不计后果、说走就走的旅行。有的人认为任何形式的以身犯险都是有胆识、有勇气的表现。还有的人认为冒险必须义无反顾、一往无前，无论在任何情况下，都不可能舍弃和退出。显然，不少人把冒险当成了一种没有回头路的赌博，把匹夫之勇和冒险家的胆略混为了一谈。

事实上胆略和胆量并不是一个概念，莽夫和勇士当然也不可能是同一类人。真正的冒险家从来都不会孤注一掷，他们既有胆识，又有勇有谋，知道什么时候该坚守什么时候该放弃，在前进的道路上懂得如何调整策略和方向，所以每一个人生的拐点都意味着全新的突破，每一次有的放矢、有迂有回的冒险都能换来真正的收获，这样的冒险才更有意义。

冒险不是飞蛾扑火式的铤而走险，也不是像无头苍蝇一样乱撞，更不是异想天开、单凭一腔热血就盲目行动。真正的冒险家在行动之前，一定会对潜在的风险有所评估，既会明确风险范围，也会做好最坏的打算，绝不会天真地认为天上只会掉馅饼却不会降下冰雹。勇敢和冒进并不是一回事，真正的冒险家对于世界、对于生活始终都保持着一份敬畏之心，从不强迫自己一定要一条路走到黑，遇到突破不了的障碍时，他们会选择绕路而行，而不会把愚公移山的神话搬到现实生活中。

胆略是胆识和韬略的集合，胆大妄为、不讲韬略，不算有胆略，有胆无识，只为了逞一时的英雄主义也不算有胆略。真正有胆略的人既有果敢、雷厉风行的一面，又有运筹帷幄、静心谋划的一面。真正的狂野和激情是不事张扬的，任何摇旗呐喊向前冲的举动都不过是一场装腔作势的表演。认准了一条路，撞了南墙也不回头的偏执，谈不上是大智大勇，真正的勇者既能冲锋在前，也能急流勇退。总之冒险不是哗众取宠的预演，也不是莽撞的冲杀，它既是一种让人热血沸腾的感性行为，又是一种审时度势的理性行为，你只有在情感和理智兼顾的情况下，才能因冒险而获得成功，而不是用冒险换来了满地狼藉。

# 无限风光在险峰

人常道无限风光在险峰，所以珠穆朗玛峰才会成为登山运动员心目中的圣地。迄今为止，能成功登顶的人数量依旧十分有限，因此他们能领略的风光是绝大多数人永远也看不到的胜景。站在世界屋脊上，看雪山云海，是一件多么惬意豪迈的事情，什么样的人才能拥有这样的体验呢？答案是敢于征服险峰的人。

征服险峰并不是一件容易的事情，苍鹰为了做到这一点，需要经过残酷的坠崖似的考验；劲松为了做到这一点，拼命把根系扎根到了峭壁的缝隙中，以跌落的姿态做出了飞翔的动作；人类为了做到这一点，需要经过专业的体能训练，途中无数参与者都会铩羽而归，能到达山巅的人总是那么屈指可数。

险峰的风光虽美，但是攀登的艰辛非常人所能承受，所冒的风险也超出了大多数人的心理预期，所以成功抵达目的地的往往只是少数人。攀爬险峰和人们追求事业辉煌的过程在某种程度上其实有着惊人的相似性。任何一个能够到达辉煌顶点的人，他所承受过的压力，所冒过的风险应该都是超出人的想象的。一个敢于为别人所不敢为的人，一个连绝域都敢涉足的人，一个可以征服任何海拔高度的人，不可能是一个默默无闻的平凡者，他注定会成为不可一世的成功者，也注定会把事业推向顶峰。如果说在世界上真有一种人能在某个领域把事情做到登峰造极的地步的话，毫无疑问，他正是这种人。我们之所以只能在平地遥望远山，不是因为能力不够，而是因为胆识不够，我们为了所谓的"保险"，错过了挑战自我的最佳机遇，以至于终其一生都没有做过一件让自己真正自豪的事。这是何其可悲啊！

20世纪80年代，有个叫李勇的年轻人南下到深圳打工。一次偶然的机会，他结识了一个梳着小平头的北方人，两人一见如故，很快就成了无话不谈的好朋友。白天，他们一起出去找工作，到了晚上便一起回到租金低廉的招待所里。奔波了一个星期之后，两人还是没有找到一份工作，小平头便建议到工地搬砖。李勇同意了。之后他们就成了每天赚十块钱的力工。

李勇不怕苦不怕累，他对这份工作很满意，就对小平头说："不如我们在这里长干吧，每月赚300元已经很不错了。"小平头却不同意，硬是拉着他跑到销售公司上班，两人的工资涨到了每月500块。李勇很高兴，觉得自己终于找到了一份稳定的职业，以后一辈子都不用发愁了。谁知小平头却说："报纸上说海南成了经济特区了，我们一起过去闯荡吧。"就这样，两个年轻人风风火火地去了海南，然而那里并非是他们梦想的天堂，起初他们花光了积蓄也没找到安稳的工作，只好又当起了搬砖的苦力。尽管工作又脏又累，但为了生计，两人只好咬牙坚持。

李勇不止一次地后悔丢了原先的工作，小平头却依然没有汲取教训，还是那么喜欢突发奇想，半年后便豪情万丈地宣布自己要承包砖厂。李勇被他那个大胆的想法吓了一跳，但是出于兄弟义气，他最终还是答应了跟着小平头一起干。倒霉的是，没过多久，海南房地产市场陷入了低迷期，砖厂的砖头销路不畅，不得不进行批量廉价处理。李勇为此深受打击，小平头却乐观地说："不要紧，经历过失败，才能成功，我们再闯荡一次吧，相信明天一定能闯出一片天地的……"李勇说："我真的不想再折腾了。我觉得有份工作，每天能吃饱饭就行。"两个人从此各奔东西。

20年后，李勇仍然辗转在不同的工地当小工。有一天，他来到一家名为"SOHO中国"的公司应聘，成了那里的一名力工。有位工友告诉他："SOHO公司的老板出身和咱们差不多，以前也是个打工的，叫潘石屹。"听到这句话，李勇瞬间惊住了，他真的不敢相信那个坐拥300亿资产的大老板居然就是20年前和自己一起搬砖的小平头，可事实不容置疑，是他不能辩驳也不能否认的。

在谈到这位患难兄弟的时候，李勇说："潘石屹的成功不是偶然的。每次处在人生的岔路口上，我只求安稳，今天有馒头吃，就不奢求明天能有蛋糕。潘石屹却不贪图安逸，永远对明天充满热切的渴望，不停地折腾，所以才有了今天的成功。"

其实，我们绝大多数人都和李勇一样，因为没有更高的追求，对明天也没有什么期待和奢望，所以一辈子都在重复今天，漫长的一生浓缩起来也不过只有一天，如此一来，又能有多大的长进呢？虽然每个人都知道只有立于险峰之巅才能看见奇异的风光，但是大部分人都不愿付出，也不愿涉险，宁愿安安稳稳地在平地上徒步行走，眼中的风景永远都是那么千篇一律，单调得让人提不起兴致观赏。我们为何不能向险峰进发呢？哪怕我们不能成功登顶，一直走在攀登的路上，所能看到的风景以及途中经历的苦辣酸甜，也足以让我们回味一生了。

# 成大事拼的不仅仅是才智，还有决断

法国大文豪大仲马曾经说过："成功的第一个条件就是要有决心，而决心要下得迅速、干脆、果断，又必须具有成功的信心。"是的，大量事实证明，在关键时刻，果断出击，下手稳、准、狠几乎是所有成功人士一贯的作风。要想干成一番大业，必须拥有当机立断的魄力，片刻的犹豫和优柔寡断都有可能让你与机会失之交臂。

常言道"机不可失，时不再来"。机遇往往出现在电光石火的刹那间，永远不会给你充分的时间思量和准备，如果你总是举棋不定、犹豫不决，就会错失良机。在人的一生中，改变命运的重要契机往往只会出现一到两次，而且是稍纵即逝的，如果你没能把握好，也许一生都将在遗憾中度过。很少有人能像姜子牙那样，等到80岁了，还能遇到明主。

生活中我们常看到这样一类人，他们能力突出、才智过人，但充其量也只是别人的左膀右臂而已，自己根本就不能独当一面、开创一番大业，不是因为命运没给过他们机会，而是因为他们在重大机遇来临时束手束脚，不敢冒任何风险，结果什么事也没做成。爱略特曾经说过："世上没有一个伟大的业绩是由事事都求稳操胜券的犹豫不决者创造的。"如果凡事你都要求有百分之百把握，必须在万无一失的情况下才肯出手，那么一切都太迟了。

雄狮在捕猎时，如果耽搁一秒钟，猎物便逃之天天了。雨后出现美丽的彩虹，如果你不能快速按下快门，眨眼之间眼前的美景就不见了。机遇也是如此，它从来没有耐心滞留等待，在至关重要的时刻，你没有那么多时间去思前想后，如果不能迅速果断地采取行动，那么就将两手空空、一无所获。其实无论你考虑得有多么全面，也无论你耗费了多少时间权衡利弊，任何一次尝试都依旧是有风险的。所有的冒险尝试，其实都是"摸着石头过河"的过程，期间你可以控制保险系数，但不可能保证绝对没有风险，在很多时候，及早行动能让你更快更安全地到达对岸，拖延和行动迟缓反而会增加很多的不确定性。

拿破仑·希尔从小就跟那些心思细密的孩子不一样，生活经验告诉他，假如他对自己想做的事情不能马上采取行动，就一定会付出代价，所以他养成了在最短的时间内快速做决定的习惯。他记得有一次妈妈问他是否愿意随家人一起到姑妈家去玩，他只是犹豫了一会儿，爸爸便带着家人走了。有一天继母问他想不想吃蛋糕，他迟疑了片刻，美味的蛋糕马上被送到了弟弟面前。经过一系列类似的事情，拿破仑·希尔再也不愿意做一个优柔寡断的人了。

长大后，拿破仑·希尔成了一家报社的记者，他接到了一个采访任务——采访钢铁大王卡内基。在正式采访前，他做了很多准备功课，所以采访工作进行得非常顺利。在回答了一系列问题以后，卡内基忽然问了他一个问题，问他愿不愿意不计报酬地花 20 年的时间研究各界的成功人士。

工作 20 年，而且还没有任何报酬。拿破仑·希尔听到这句话稍微愣了一下，接受这个请求就意味着付出 20 年的辛劳却没钱可赚，拒绝则意味着错失了与成功人士对话的绝好机会。经过短暂的心理斗争，拿破仑·希尔给出了肯定的答案："我愿意。"卡内基又问了一遍："你真的愿意？""是的，我愿意。"拿破仑·希尔斩钉截铁地说。

卡内基看了看手表，微笑着说："如果你在一分钟之内不能给我明确的答案，将失去这次机会。我向 200 个年轻人提过同样的问题，没有一个人能像你这样在这么短的时间内做出决定。"卡内基非常欣赏拿破仑·希尔果断的个性，所以第二天就带他采访了大发明家爱迪生。此后，又帮他联系到了商界、金融界、科学界、政界近 500 名成就斐然的成功人士。拿破仑·希尔花了 20 年的时间研究这些成功者，总结他们的成功经验，写下了一本名为《成功规律》的畅销书，这本书一经推出就打破了同类书的销售纪录，成为了当时最炙手可热的新书。

拿破仑·希尔因为在成功学方面的研究，成为了著名学者和演讲家，他的书长期畅销不衰，不但给他带来了百万美元的收入，还给他带来了巨大的声望。在总结自己的成功经验时，拿破仑·希尔说："果敢是成功的救命草。如果当初我没有在一分钟内坚定地答应，是不会有今天的成就的。"

美国作家威廉·沃特曾经说过："如果一个人徘徊于两件事之间，对自己先做哪一件犹豫不决，他将会一件事情都做不成。如果一个人原本做了决定，但在听到自己朋友的反对意见时犹豫不决、举棋不定，那么，这样的人肯定是个性软弱、没有主见的人，他在任何事情上都只能是一无所成，无论是举足轻重的大事还是微不足道的小事，概莫能外。"为什么出类拔萃的精英无法拥有自己的事业？主要原因在于他们在机遇面前游移不定，不能在有限的时间里做出决断，所以注定不会成功。事实就是如此，如果你不能当机立断，就要承受巨大损失。拿破仑·希尔的故事告诉我们，迅速决断，毫不迟疑地付出行动，才能把握机遇，走向成功，机遇面前是经不起等待和犹豫的。

# 鼓起勇气，战胜自我

生活中，常有人抱怨自己怀才不遇，责怪伯乐不肯赏识自己，或是责怪世界不公、社会黑暗，看到别人在各自的领域里混得如鱼得水，就愤恨不平地想：我的命运根本由不得自己做主，那些掌握生杀大权的人从来就看不到我的努力，也不认可我的能力，我表现得再好又有什么用呢？

其实他们的问题并不在伯乐身上，而是出在主观上的"我不行"的情结上。在潜意识中他们已经把自己看成了可怜的失败者，为了维护脆弱的自尊心，便把责任推到别人身上或是归咎于外部环境，自己则扮演起了受害者的角色。从心理学角度讲，许多人之所以在临近成功时不敢做最后的一跃，主要原因在于潜意识里他们认定自己必败，因为缺乏信心和勇气，他们宁愿消极应对或索性放弃，所以便应验了失败的预言。

极度不自信的人往往是最没有胆量的，无论做什么事情，脑海里始终徘徊着"我不行"、"我不敢"的声音，即使到了紧要关头，也没有勇气迈开脚步，结果就是因为缺了最后的临门一脚，而输掉了人生的整个赛事。自认为怀才不遇的人，确实有不少是才华出众的，不过他们被长期埋没大多不是因为"不遇"，而是因为自我怀疑、自我否定，不敢奢望成功，所以在与成功无限接近的时候选择了黯然离场。

人是很容易被消极的暗示统治的，你认为自己做不到，那么你就不可能做到，因为在行动之前你已经被自己打败了。其实所有的恐惧、威胁并非来自于外部，而是源自自身。譬如夜幕降临时，婆娑的树影在地面上形成了一团黑影，你会把它误当作是一个深坑或是一个陷阱，无论如何都不敢跨过去，打败你的并不是那团漆黑的树影，而是你自己的心魔。如果你不想再扮演可悲的怯懦者的角色，就必须鼓起勇气，战胜自我。

张茂接到了一个新的工作任务，由他来全权负责一个重要项目的市场推广活动，他觉得自己没有能力胜任这项工作，便小心翼翼地对老板说："我一个人不能把事情做好，我需要有专业人才协助。"老板很不高兴地说："既然这样，你是怎么晋升到部门主管这个职位的？看来是李经理看走了眼，我需要抽空和他好好谈谈。"

老板的嘲讽和不满，让张茂大受刺激，他认为自己受到了轻视，回到自己的办公室就生起了闷气，但转念一想自己自从当上部门主管以后，确实没有什么抢眼的表现，他对自己没有信心，做什么事情都是畏首畏尾的，即使得到了天大的好机会也不敢采取行动，在关键时刻总是临阵脱逃。他不止一次地问过自己："我真的行吗？万一把事情搞砸了怎么办？"以前他总是抱怨公司没给过他机会，现在机会就摆在他面前，他却瑟缩了起来。

经过一番思考，张茂决定向别人寻求帮助，由于自己部门人才匮乏，他不得不跨部门求援，请求资深老员工老黄帮忙。老黄由于抽不开身，婉言拒绝了。张茂急了："如果没人肯帮我一把，我怎么应付这个项目啊？我一个人势单力薄，一定会把事情搞砸的。"尽管万般不情愿，张茂不得不被迫担起重任，结果正如他先前预想的一样，他把推广活动搞砸了，前途变得岌岌可危。

缺乏自信心的人，往往在大战来临之际，就已经缴械投降了，他们为了避免成为败军之将，临场选择了逃兵的角色。造成这种局面是因为这类人本性懦弱、缺乏胆识吗？事情并没有那么简单。我们知道当一个人对自我缺乏客观清醒认识的时候，往往会走向两个极端，要么极度自负，要么极度自卑。其实自负和自卑本是一枚硬币的两面，目空一切的自负多半源自深入骨髓的自卑，而自惭形秽的自卑有时也会表现为狂妄自大。这两种自毁情绪都会成为我们最后一跃的绊脚石，甚至成为我们永远的梦魇。

据说有位老师在课堂上给学生讲屠龙者的故事，他绘声绘色地说："古代有个人一心想学屠龙术，后来拜得名师，勤学苦练，终于练就了一身本领。你们认为他后来的人生会怎样呢？"学生们回答说他会成为受世人仰慕的大英雄，从此扬名立万，老师却摇摇头说："他会潦倒一生，因为在这个世界上，根本就没有龙这种动物。"屠龙者的形象就是自负的典型，终日磨刀霍霍，其实根本什么也做不成。

有人认为不切实际的自负终归比自卑要好，至少它能促使人鼓起勇气闯过最后的难关，其实不然，能帮人摆渡到成功彼岸的只有自信和自尊，自负是自卑的变体，它只会让人一败涂地。认为自己做不到的人，无论怎么自欺欺人，强迫自己硬着头皮向前冲，也不可能打赢任何一场战役。我们只有发自内心地相信自己，而不是虚张声势，才能赢得最后的胜利。

## 背水一战时，请拿出破釜沉舟的勇气

很多人无论做什么事情都喜欢给自己留条退路，以为这样就可以随时全身而退，退守到一个相对安全的缓冲地带，所以不管干什么都热衷于两手准备，比如为考研备战时，为考试失利做足了心理准备，自我安慰说："考不上不要紧，大不了和应届毕业生一起找工作。"再比如为创业拼搏时，也为自己留了一条后路，时刻都准备着重新回归打工仔的角色。这样的人是永远都不会成功的。因为所谓的"退路"，不过是逃避的借口，常把"退路"挂在嘴边的人，无非是希望自己败走麦城时还能有路可走，还没有投身其中，就已经想好怎么为失败善后了，这样的人又怎么可能成功呢？

成功学大师拿破仑·希尔提出过"过桥抽板"的理论，意思是让我们对自己"过河拆桥"，自断后路。当我们被逼到无路可退时，往往能创造出置之死地而后生的奇迹。其实早在两千多年以前，我国的一位以勇武闻名的杰出军事家就用破釜沉舟的方式，取得了巨鹿之战的胜利，他就是西楚霸王项羽，他的智慧和拿破仑·希尔的成功理念可谓是异曲同工。事实告诉我们，要想成功，必须具有背水一战的勇气，只有逼迫自己一路向前，不给自己留任何余地，我们才能克服自身的软弱性，一往无前地向目标挺近，直至达成目的。

有一个小男孩，从小在水乡长大，可是水性却很差，同龄的孩子早早就学会了游泳，每逢夏日都会自由自在地在小河里游弋，活像一条条小鱼，唯独他只敢在岸边学狗刨，始终不敢走到深水处。生在水乡的孩子却是个旱鸭子，这多少让人觉得有点不可思议。男孩的父亲为此很是苦恼，他想了很多办法让儿子学游泳，可儿子无论如何都不肯配合，说什么也不愿意离开岸边的浅水区，父亲感到无可奈何，只能摇头叹息。

小男孩怕水的事情被他父亲的一位朋友知道了，这位朋友打包票说："这件事就交给我来办好了，我保证十几分钟就能教会他游泳。"男孩的父亲抱着死马当活马医的态度，把儿子交给了他。那位朋友把男孩带到了码头边，然后不由分说地将男孩一把抱起，抛向了深水区。岸边的父亲吓得面如土色，他生怕儿子出什么意外，心里一直在大骂朋友狠心。他发疯似的跑向儿子，不料竟看到了惊人的一幕：只见儿子吓得面色惨白，但在呛了几口水之后，竟自如地游了起来，随后游向了深水处。这位父亲终于舒了一口气，欣慰地笑了。让人想不到的是，他的儿子从此爱上了游泳，经过刻苦地训练，竟然在当地少年组游泳大赛中获得了冠军。

小男孩能学会游泳，并非是因为克服了对水的恐惧，而是因为他的后路被切断了，无论是想回到岸边还是游向别处，他都必须要经过深水区，在没有选择的情况下，他的勇气被激发了出来，所以才有了超常发挥。很多时候，我们常常失败，是因为常常给自己预留备选方案，由于尚有选择的余地，我们做事时经常是抱着尽力而为的态度，往往不会全力以赴，也没有把成败大局放在心上，随时都准备调转方向，走向另一条路。殊不知另一条路并不是出口，而是毁掉一切伟大事业的歧途。

人一生的成败跟意志力的强弱息息相关。意志力薄弱的人，在战斗打响前，就想着为自己预留逃跑的后路，这样的人只要遭受一点挫折就会节节败退，怎么可能做成任何大事呢？意志力坚定的人，一旦下了决心，就绝不给自己留后路，做任何事情都抱着不达目的不罢休的心态，无论遇到多少艰难险阻也没有想过撤退和放弃，他们一路披荆斩棘，最终为自己开辟出了一条充满希望的康庄大道。

海明威曾经说过："人可以被消灭，但不能被打败。"虽然我们成不了海明威那样铁骨铮铮的硬汉，但至少不能不战自败。有些时候，我们必须对自己狠一点，特殊情况下，要敢于把自己逼到无路可退的境地，唯有如此，我们才能彻底克服自身的胆怯，把自己磨砺成一名坚强勇敢的战士。

# 最难最险的路往往离终点最近

大部分人都渴望功成名就，然而能到达金字塔顶端的人向来寥寥无几，成功向来就只属于少数人。那么是什么造就了这些少数人呢？答案是勇气。人们追逐成功的过程，就好比驾着一叶扁舟在茫茫大海上航行，渴望一路风平浪静的人，根本就抗击不了风浪，一旦遇到狂风巨浪就会掉头返航，只有少数愿意乘风破浪的人，才能顺利到达成功的彼岸。

其实，追求成功是绕不开险路的，陆路不可能一马平川，海路不可能波澜不惊，想要安安稳稳地到达目的地几乎是不可能的。途中遇险是常有的事情，关键在于你是否能够险中求胜。事实上，我们不可能避开所有的风险，世上总有很多事情是超出我们掌控的，所以我们必须习惯风险成为自己生活的一部分。在危机到来时，我们若是能化不利为有利，极有可能在化险为夷之时，发现另一处洞天。

真正的勇者从来就不会刻意回避风险，有时候还会选择冒更大的险，不是因为他们疯狂，而是因为他们深知险中求胜的道理。通往成功的路虽有千条万条，但是唯有险峻陡峭的路离山峰最近，追求平稳可能跋涉几十年也到不了顶峰，唯有敢于征服奇险之路，你才能更快地接近成功。险路是强者常走的路，尽管能走完全程的人不多，但只要你曾经鼓足勇气尝试过了，就一定会有所收获。涉足过险路的人，便不会再惧怕平地上的风险和困难了。

险中求胜往往能造就传奇。比如宝剑，虽然锋利，但却难以把握，它的着力点集中到剑尖上，功夫不到不但不能伤及敌人反而连防守都困难，然而能把剑使用得出神入化的人绝对是一流的高手，这种人绝非善使刀的人所能比。再比如一些建在悬崖峭壁上的建筑，凌空危挂令人唏嘘，正是因为如此，它们才成为了建筑史上的奇迹，而那些中规中矩的建筑群落，大都被淹没于历史长河之中。人亦如此，敢于搏击风浪的人多数都艺高人胆大，这类人将永远走在时代的前沿，而不敢涉险的人注定永远默默无闻，根本就不可能做出任何惊天动地的大事来。

克劳塞维茨曾经说过："只有通过智力的这样一种活动，即认识到冒险的必要而决心去冒险，才能产生果断。"意思是险中求胜不是出于一种狂热，它是建立在理性的基础上的，人只有理性地冒险，在审时度势的情况下放开胆量去做，才能化风险为契机，获得胜利的桂冠。急功近利、空手套白狼的冒险是不可取的，因为人生不是一场豪赌，胜负不在于运气，而在于自己把控风险的能力。

红顶商人胡雪岩的故事可谓是家喻户晓。据说他在创业初期，没有足够的资金，本金大部分都是借来的。他从钱庄和生丝生意起步，赚了一点钱，但生意交割以后，不但分文不剩，账面上还出现了亏空。在这种情况下，胡雪岩居然又冒险启动了两个大"项目"——开设药店和典当行。他的举措让所有的人都大为惊讶，就连一直钦佩他的老朋友也觉得他这样做走的是一步险棋，维持现有的生意本来就需要大量本金，他根本就不可能再有多余的钱维持药店和典当行的生意。

面对质疑，胡雪岩却有着截然不同的看法。他认为凭借自己的信誉和经商头脑，钱庄一定能盈利，资金的问题是可以解决的。胡雪岩通过好友的帮忙，把钱庄生意迅速做大。当时由于太平军进入苏浙一带，政府出兵讨伐，两军在苏州展开恶战，很多当地的富家子弟都想北上逃到上海避难，可是他们在苏州的房产却来不及处理，身上大量的现银也不方便带走。胡雪岩便建议他们把现银存入自己的钱庄，一半为长期存款，一半为活期存款。这样带不走的现银不但有了存储处，还能生出利息，能带走的现银可以维持自己在上海的开销，可谓是一举多得。富家子弟同意了，胡雪岩为钱庄吸纳了一大笔资金。

毫无疑问，胡雪岩走的是一条险路，如果他不能筹措到足额的资金，又非要开设药店和典当行，无异于铤而走险。但是如果他不走这条路，等到攒足了资金，再经营药店和典当行的生意，那么他不可能那么快成功，创业之路会更加漫长。他选择了险路，并运用自己的胆略和智慧筹到了一笔丰厚的资金，不但成功化险为夷，还使自己的事业蓬勃发展起来。

事实告诉我们，要想取得成功，就必须善于从"险"中获取对自己有利的东西，坐等时机成熟再去求就太迟了。成功者大都敢于走别人不敢走的路，敢于伸手去接"烫手的山芋"，所以他们才能取得别人取得不了的成就。我们要想摆脱平庸，就不能总是去走别人走过的路，而要敢于挑战自我，必要的时候敢于走险路，唯有如此，我们才能脱离庸庸大众的角色，成为勇敢的少数人。

## 要敢于为自己创造机会

如果把机遇看作是一种社会资源的话，那么它一定是一种相当稀缺的珍贵资源，因为得到它的只是少数实力派，作为绝大多数的普通人是很难受到它的眷顾的。事实上，所有重要的机会都是为有实力的人准备的，在高校声名显赫的教授更容易获得荣誉和头衔，也更容易成为重要科研项目的带头人；在企业，强悍干练的能人更容易受到提拔，得到深造的机会也比别人多。作为平凡的大多数人而言，如果我们一味地坐等机会光顾自己的门庭，恐怕等待十几年甚至几十年也等不到。那么这是否意味着我们永远都不能出人头地呢？当然不是。

古今中外，很多的成功者都不是受命运垂青的幸运儿，相反他们也像我们一样缺少机会，境况甚至比我们更糟。法拉第在研究化学时连实验设备都配置不齐，实验室里只有些陈旧的药瓶和破旧的容器，但他依旧成了了不起的化学家；发明家华特耐手头只有极少的工具，可他还是成功发明了缝纫机的霍乌；高更买不起画布，就直接在粗糙的麻袋上作画，照旧绘制出了一幅又一幅惊世骇俗的不朽作品……他们的故事告诉我们，没有条件创造条件也能成功，没有机会自己创造机会，也能取得不俗的成就。

培根说："智者创造的机会，要比他所能找到的多，只是消极等待机会，这是一种侥幸的心理。正如樱树那样，虽在静静地等待着春天的到来，而它无时无刻不在养精蓄锐。"要想得到机会，就要敢于为自己创造机会，敢于放胆为自己铺路，必要的时候要逼迫自己扮演勇敢闯关者的角色，只要勇敢冲到了阵前，是很有希望被破格录用或提拔的，因为"不拘一格降人才"的事情在现代社会中同样是会出现的。

罗刚是名专科毕业生，主修新闻学专业，在应聘心仪岗位时总是被用人单位告知他们只肯录用具有本科以上学历且有两年以上工作经验的求职者，因此吃了不少闭门羹，眼睁睁地看着机会被比自己更有资历的人抢走。他觉得不能再被动地等待下去了，他必须主动出击，为自己赢得机会。经过分析，他认为自己在学历方面处于弱势，工作经验又不足，没有办法和久经沙场的职场老将抗衡，他唯一能做的就是必须用独到的方式打动面试官。

在人才市场，罗刚用诚意打动了一家用人单位，终于争取到了一次面试机会。面试当天，他提前20分钟到场，在其他应聘者还没有赶到之前，争取到了和面试官单独交谈的机会。他先是客气地自我介绍了一番，然后非常诚恳地说："虽然现在我的某些条件还不符合贵公司的要求，但是我相信自己能胜任这个岗位，如果贵公司能给我一次机会，我一定不会让您失望的。"说完他便把自己拟写的稿件交给了面试官。

面试官阅读完毕以后，满意地说："你的文笔很不错，见解也很独到，不过因为你没有相关方面的经验，所以文章还有许多需要改进的地方。如果是其他跟你条件相同的求职者应聘同样的岗位，我是不会考虑的，但是你的勇气和魄力打动了我，我们公司可以秉着'兼容并蓄'的态度破格录取你。"说完他便起身热情地跟罗刚握手，欢迎他加入公司。就这样，罗刚在机会匮乏的情况下主动为自己创造了机会，得到了梦寐以求的理想工作。

对于实力强大的人来说遍地都是机会，因为他们已经有了一定的优势积累，根据"马太效应"的理论，日后的道路会越走越宽广。可是对于初出茅庐或者尚未崭露头角的人来说，机会其实是很少的，上升渠道也比较狭窄，能顺利脱颖而出的只是少数人。这些少数人未必是能力最强的，但一定是最有主动精神和最有胆识的，他们从不被动地等待机会降临，而会大胆地为自己铺路，正因如此，他们才成功通过了窄路，最终成为了金字塔塔尖上的人。我们要想摆脱平庸，就必须学会为自己创造机会，而不要在原地等待机会，机会不是等来的，而是自己主动争取来了，姿态卑微的人是把握不住机会的，只有有胆有识、不卑不亢的人才能得到更多的机会。

## 颠覆的力量：想人所未想，做人所未做

职场生活中常出现这样一种现象：四十多岁的资深老员工被三十多岁的主管领导，而他们的老板可能只有 30 岁，也可能更年轻，这是为什么呢？为什么经验丰富的职场老人反而要听年轻的后辈指挥呢？这是因为经验丰富并不代表综合素质更高，经验虽然可以让人按照一定的模式和流程更高效地完成工作任务，但是它也会束缚人的眼界和思维，禁锢人的冒险精神，使一切工作变得按部就班、毫无创意，因此从某种意义上说，经验既是捷径也是桎梏。

成功人士的高明之处在于，他们敢于打破旧格局的束缚，敢于想别人所未想、做别人所未做的事情。他们普遍深知这样一个人道理：如果你能想到的别人也能想到，你能做到的别人也能做到，那么你的价值就永远不能凸显出来。所以才会致力于摆脱原有经验的束缚，以开拓者和冒险家的精神，开辟出一条全新的路径来。

成功人士和普通人在思考问题方面是有巨大差异的。比如我们大多数人都不会想到向爱斯基摩人推销冰箱，因为这个主意听起来很荒谬，爱斯基摩人生活在北极圈以内，寒冷的气候和皑皑的冰雪构成的世界就是一个天然的大冰柜，谁还需要用冰箱来冷冻东西呢？然而美国商人却不这么想，天然冷冻食物不能保证食材的新鲜，而冰箱却能成功防止食物冻坏，他就凭借这一点，成功把大量冰箱卖给了地处北极圈的爱斯基摩人。

提到火锅，除了蒸腾的热气和热闹的氛围外，我们联想到的还有窗外纷纷扬扬的大雪以及呼啸凄厉的北风，这种冰火两重天的鲜明对

比才是我们对火锅的认知，冬季吃火锅再惬意不过。谁又会想到在烈日炎炎的盛夏，我们也能和亲友围坐在一起吃火锅呢？毕竟桑拿天大汗淋漓地吃火锅可不是什么惬意的事情。可是香港饭店的老板却不这么想，他认为人们完全可以开着冷气吃火锅，凉爽的冷气和热辣辣的炉火形成了一种奇异的反差，在这种情形下吃火锅一定别有一番滋味。有了这种想法他马上推出了"海鲜"、"肥牛"等各种类型的夏日火锅，受到了广大顾客的欢迎，而今夏季吃火锅在香港一代已经成为了一种风尚。这些例子说明，想别人所未想，做别人所未做才是真正的成功之道。

托尼和迪克在同一家超市工作，他们差不多是同时入职的，都是从基层干起的，但是过了一段时间之后两个人的差距便越拉越大了。迪克一再被提升，从普通员工晋升到了领班，又从领班晋升到了部门经理，可谓是一路扶摇直上，而托尼却一再被忽略，尽管工作很卖力，却还是在做最基层的工作。托尼感到很不服气，一气之下就向总经理递交了辞职申请。总经理耐心地听着他的抱怨，其实总经理也很欣赏这个年轻人，因为他吃苦耐劳且富有敬业精神，但是身上却缺少了一样重要的东西。

总经理觉得自己必须让托尼认识到自身的问题，于是就对他说："很感谢你为超市所做的一切。在你离职之前，还需要你做一件事情，请你到集市上看看今天在卖什么。"托尼接到任务后，风尘仆仆地奔向了集市，没过多久就回来了，向总经理报告说有个农民拉了一车土豆。总经理问："一车土豆有多少袋？"托尼不清楚，只好返回集市，回来后报告说一车土豆有十袋。总经理又提了一个新问题："土豆价格是多少？"托尼回答不上来，再次跑向集市，跑回来之后累得满头大汗，他还没来得及报价，总经理便说："你先坐下来休息一下吧，我把迪克叫来，把同样的任务交给他，你看他是怎么做的。"

于是，总经理把迪克叫进了办公室，对他说："你到集市上看看今天卖什么。"很快迪克就从集市上回来了，他说集市上有个农民在卖土豆，共有十袋，价格很合理，品相和质量都不错。说完他把带回来的土豆样品交给总经理过目。接着他又说那个农民还有好几筐西红柿，价格适中，看起来也很新鲜，超市可以购进一些。说完，他又把西红柿的样品交给了总经理。总经理对样品表示满意，同意向那个农民进一些货。迪克说他把那个农民也带来了，现在农民正在门外等着答复呢。托尼看到了这一切，心中的不平之气马上消失了，他不得不承认迪克确实比自己更优秀，迪克的晋升是合情合理的，想到这里，他不由得为自己刚才愤愤不平的行动感到羞愧。

　　迪克的成功在于他比常人多想了几步，做了别人没有去做的事情。他不向托尼那样只知道按部就班地遵照指令工作，而是开动脑筋想到了"人所未想"的事情，并将其付诸实践，因此得以从平凡的岗位上脱颖而出。由此可见，我们只有打破常规，不拘泥于经验，敢于尝试"人所未想"、"人所未做"的事情才能脱离平庸，走向成功。

# 第五章

# 吃亏也是一种隐形资产

如果在报酬相同的情况下，摆在你面前的有两副担子，一副重50公斤，一副重25公斤，你会挑哪一个？想必大多数人会毫不思索地回答当然是拣轻的挑了，错了，应该选重的挑。拈轻怕重、斤斤计较，没有办法使自己的能力增强，只有敢于请缨，主动挑重担，才能担当大任，成为更优秀的员工。

工作中，有点阿甘精神并没有什么不好，因为吃亏也是一种隐形资产，不怕吃亏、不爱计较、兢兢业业的员工，更容易受到公司的提拔和重用。凡事锱铢必较，吝于付出，最终蒙受损失的还是自己。爱计较的人在人生的道路上走不远，得失心太重的人往往会失去更多，放下计较，把工作当成一种快乐的实习体验，在苦与乐中淬炼自己、升华自己，方能成就更强大更优秀的自己。

# 从不怕吃亏的"傻"中获益

多数成功的职场人士在回顾自己的职业生涯、总结经验教训时，都会把"不计较"三个字当成最重要的一条，正是因为不爱计较，他们做得比别人更多，学东西才学得比别人更快，晋升时才比同事快好几拍。从短期看，不计较就意味着吃亏，但从长远来看，吃亏也是一种获益的手段，你只有肯吃眼前亏，未来才能有更大的收获。

在很多人看来，李静的运气似乎总是出奇的好，她相貌平平、能力也不突出，各方面的表现都算不上出类拔萃，可是刚进公司两年，她就从一个普普通通的人事部文员一路高升到了营销部经理的位置，这着实让人觉得不可思议。

其实李静并没有什么过硬的杀手锏，她能获得上司和老板的青睐，无非是因为工作更尽责一些，平时计较得少，付出得多。当同事都在抱怨工作无聊、老板苛刻、物价飞涨时，李静从不多言，她只是在默默工作。虽然只是一个不起眼的小文员，拿着最低的薪水，干着最琐碎的工作，每天忙得不可开交，但她从不抱怨，也不斤斤计较。领导吩咐的事，每次都能做得让人无可挑剔。发现别人录错了数据，她就悄悄改正，不求任何人的感激和回报。

有一天营销部经理偶然走进了李静工作的办公室，当时员工们正在闲聊，看到领导来了马上低头假装看文件，只有李静自始至终都在认真工作，这一幕被她全看在了眼里。她再也按捺不住了，便开口发话了："你们都是同一批来公司的新人，看看人家李静是怎么工作的，再看看你们自己是怎么工作的？我知道你们现在消极怠工主要是因为对目前的职位和待遇都感到不满，公司有更高的职位，问题是你们问问自己有没有能力胜任。你们现在的业务能力和业务水平只比学生略高了一点，现在就开始计较待遇，未免太早了吧。你们不能为公司创造更大的价值，公司凭什么给你们支付高额薪水啊?"

营销部经理离开后，员工们又恢复了往常闲散的状态，他们根本就没有把领导的话放在心上。半年后营销部经理助理的职位出现了空缺，营销部经理首先想到了李静。李静还是像以前那样默默地努力工作，辅助部门经理做出了扎实的调查分析报告，参与了多个营销项目，成为了她手下最得力的助手。两年以后营销部经理晋升为区域总监，职位又出现了空缺，在她的大力推荐下，李静成为了当仁不让的接班人。而那些和她同一批入职的基层员工大部分还在原来的岗位上挣扎，还有一部分人辞职了，另外一部分人被开除了。每当谈起李静，所有人都是一脸羡慕，他们一直没有弄清李静快速升职的原因，总是把一切归功于运气。

在工作中，如果我们真的能做到无论接到什么任务都尽职尽责、毫无怨言地完成，最后反而会获得更多。初涉职场不怕"犯傻"，就怕聪明过度，计较越多，反而会失去越多。由此可见，"傻"也能给我们带来福祉。

# 不算计、不计较

公司里通常存在着两种人：一种人非常精明，凡事都喜欢算计，生怕自己付出的比别人多，得到的比别人少，公司发放红利的时候能争就争，需要分摊责任的时候则第一个逃之夭夭，一心只想穿别人辛苦做好的嫁衣，自己则长期扮演那种十指不沾阳春水但却能沾到不少油水的滑头角色，工作不努力，整天想着怎么搭便车和顺风车。

另一种人则恰恰相反，他们平时大大咧咧，似乎什么都不计较，在拿同样薪酬的情况下，付出的辛劳总是比别人多；在同样的岗位上，做得总是比别人更细更好；面对同一个客户，他们总是能付出更多的耐心。就算有人在他们耳畔说："在同岗同酬的情况下，无论你怎么付出，做得有多好，老板都不会多发你一毛钱，何必要卖些傻力呢？"他们只是呵呵一笑，从来不会把这样的话放在心上。

第一种人可谓是心眼儿细到针眼儿里，但对工作却没有那么细心。第二种人则属于十足的粗线条，可处理工作时却是细致入微的。表面看来第一种人是处处得便宜的，可事实上他们的如意算盘到最后是打不响的，毕竟公司不可能总供养不干实事的闲人。没有一家公司欢迎喜欢投机取巧的人，也没有一个团队愿意接纳这种爱钻营的人，算计太多，只会把自己的前途也算计进去。

人们常说："群众的眼睛是雪亮的。"其实老板的眼睛也是雪亮的，如果在同岗同酬的情况下，你计较得最少，表现得却最抢眼，老板是不会对此视而不见的，因为埋没你并不是你的损失，而是公司的损失，任何一个明智的老板都不会那样做的。虽然付出和所得并不完全成正

134

比，但是想要少付出多获得是永远也不可能成立的，事实上你的每一次付出老板都是记在心里的账簿上的，即便没有马上给予你回报，日后也会通过其他方式给足你补偿。所以不要担心自己的汗水在无形中蒸发掉了，它们滴滴都浸入了土壤里，终有一天能浇灌出一片绿荫。

曹雪毕业那年，工作非常难找，全国就业形势严峻。曹雪一连发送了几十份简历，大部分都如泥牛入海，一点回音都没有。等了很久，终于有一家公司通知她面试了。但当曹雪满怀希望地赶到面试现场时却傻眼了，只见公司门前人头攒动，有四十多位求职者捧着简历翘首以盼，可见竞争是何等激烈。

幸运的是曹雪顺利地通过了初试和复试，进入了最后一轮的测试。剩下的人被告知他们需要在人力资源部实习三天，公司会根据他们的表现做最后的定夺。经理吩咐大家把公司去年积压的文件整理归类，之后在电脑里存档。然而在大家忙碌了一整天之后，公司却突然宣布根据总部发布的通知，他们不再招聘新员工了。

参加实习的求职者全都气愤不已："这不是要我们吗？不招人了还浪费我们的时间，让我们免费工作，简直太气人了。"说完，便撂下没处理完的工作，气冲冲地离开了。只有曹雪留了下来，还在一丝不苟地整理着成堆的文件。经理不好意思地说："很抱歉，让你白忙了一天，我们事先没接到总部通知。你快点回家吧，剩下的事让我处理吧。"

曹雪说："没关系，反正我已经做完一半了，那么就善始善终吧，明天我再忙一个上午，应该就可以把工作做完了。"同学知道了事情的原委以后，都说曹雪傻，劝她别再白出力了，赶紧找下一份工作。曹雪却没理会，第二天又到公司忙了一上午，把文件全部妥当地整理好了才肯离开。

两个月后，大多数同学都没找到工作，只有曹雪接到了一个特别的通知，那位人事部经理告诉她公司现在恰好有一个职位正缺人，建议她过来应聘。原来是曹雪不计私利、认真完成工作任务的精神打动了她。最终在人事部经理的大力推荐下，曹雪如愿得到了心仪的工作。

真正对公司有重大贡献的员工，是不会被亏待的。在商业社会里，大部分老板都是懂得商业法则的，他们绝不会让对公司有突出贡献和重大价值的员工白劳动，即使你不计较报酬，他们也会酌情对公司的资源做出合理分配。乐于付出、不爱算计和计较，工作态度端正的员工在正常情况下都会受到赏识，不要担心自己会白白付出，如果你的努力是大家有目共睹的，总有一天你会获得超值回报。

## 困难面前主动请缨

在很多人看来，只有简单轻松的工作才是惬意的工作，那些所谓的具有挑战性的工作还是推给别人比较好，因为就算自己完成了艰巨的任务也未必会得到犒赏，把事情搞砸了还要受到指责和批评，经过权衡，难事别人做，容易的事自己亲自操刀，才不失为一种划算的做法。殊不知你总是拈轻怕重，所做的工作任何一个能力平平的人都可以取代，自己的独特价值就凸显不出来了。公司从来不缺贪图享受、能力平庸的员工，缺少的是在大家都束手无策时，能主动站出来解决问题的人，这样的人即使不能力挽狂澜，至少尽了自己的本分和最大的努力，无论结果如何，他们都会获得格外的关注，所以得到的机会也会比别人更多。

摩西是一名普通的员工，平时工作非常负责，总是把公司的事情当作自己的事情来做。有一天，摩西刚到办公室不久，就听到有位同事气喘吁吁地从楼下跑来说："不好了，出大事了！"由于跑得太急，他半晌说不出话来。摩西二话没说，放下文件，就跟着他急冲冲地跑到了楼下。只见公司里的很多同事都围着老板拉斐尔，七嘴八舌地讨论着刚刚发生的意外事件。原来是老板不小心把公司档案室的钥匙掉在了地上，俯身捡拾时，又不慎踢到了钥匙，恰好把它踢到了附近的下水道里。这下可糟了，档案室里的重要文件是需要客户签字的，下午客户就会来签字，如果取不出文件，这次费尽周折才谈好的生意就要泡汤了，到时公司势必会遭受重大损失。

老板很焦急，员工们也着急，不过全都束手无策。有人建议找一个专业的人到下水道取钥匙，但这个建议很快被否决了，因为时间已经来不及了，有人建议用铁丝把钥匙钩上来，可是附近并没有铁丝，办公室里也没有，这个建议说了等于白说。摩西说："现在只有一个办法可行了，不如下去掏钥匙吧。"此话一出，所有的人都怔住了。员工们个个西装革履，全都是爱干净的人，谁愿意伸手去掏肮脏的下水道呢？老板听到这个最简单但却最有效的想法，满脸的愁容舒展开了，是呀，这个办法完全是可行的。

在同事诧异的目光中，摩西从人群中走了出来，他毫不犹豫地在下水道旁边蹲了下来，然后搬开了井盖，之后把手伸了下去。因为下水道太深，他的整只胳膊都伸进去了，整个人几乎全都贴在了地面上。同事们面面相觑，有的庆幸自己不必干这样的脏活，有的为自己没能挺身而出感到羞愧，大家各怀心思，全都把目光聚焦到了摩西身上。过了一会儿，摩西说自己已经摸到了钥匙，在场的人全都松了一口气。

很快钥匙就被取了出来，摩西把它冲洗干净以后才交给了老板，老板看着摩西，感激地说："多亏了你……"摩西轻松地耸耸肩说："这没有什么！我在家的时候也做过同样的事，这种事情我很拿手，每次太太一声令下，我都会训练有素地完成任务。"他的玩笑话把大家都逗乐了。多亏摩西及时从下水道拿到了钥匙，下午的签字活动才得以正常进行，公司保住了信誉，还获得了一笔可观的利润。为了表彰摩西及时为公司排忧解难的行为，老板直接把他提拔为自己的副手，经过两年的努力，他在公司里坐稳了第二把交椅的位置，前途不可限量。

当你接到一项艰巨的任务时，不妨把它看成是一个挑战自我的好机会，不要急着把它推给别人。拈轻怕重的心态不可取，最难最累的工作总是需要有人完成的，当别人袖手旁观时，你接好了"烫手的山芋"，任劳任怨地把重任承担下来，自然会给自己的形象加分。从另一个角度讲，主动挑战难度更高的工作，既能增强自己的信心，又能使自身的个人能力得到迅速提高，所以即使没有获得最实惠的好处，也会受益良多。

## 把工作当作愉快的带薪学习

初涉职场的新人往往会有这样一种不平衡的心理：为什么我这么忙这么累，薪水却这么少？为什么我这么优秀，老板却不器重我？为什么我的努力别人看不到，每次出错却总是逃不开老板的火眼金睛？诚然，新人的日子不好过，不少人都声称自己是那种干得最多却也挨骂最多的人，可是怨天尤人并不能改变什么，它只会让你变得越来越消极。

如果你能把工作看成带薪学习，而不是一种被迫从事的劳役，就不会计较那么多了。现在的你忙忙碌碌不是为了充当廉价劳动力，而是为了抓住机会学到比学校里更有实用价值的东西。在老板眼里，你可能是待雕琢的璞玉，可能是绩优股或潜力股，也可能就是可以随时招募而来的廉价劳工。在没有攒足实力以前，你没有必要太过在意老板怎么看你。而应该抓紧时间尽快完成角色的蜕变，早点褪去年少的青涩，尽快成长起来。

虽然每家企业在招募新人时都会强调："我们是招你来工作的，而不是让你来学习的。"但是对于只懂得理论知识却没有任何社会实践经验的应届毕业生来说，第一份工作就是一种变相的带薪实习。如果企业不给你学习机会，就没有办法把你培养成合格的员工，所以它必定会给你提供一个学习的平台。在这个特殊阶段，不要计较自己有多苦多累，也不要计较自己受到多少责难。等你羽翼丰满时，自然就有了更广阔的视野和更大的发展舞台，那时的你便可以自如地舒展自己的人生格局，绝不会再扮演一个廉价劳动力的角色。

周阳是一家营销公司的业务员，每天的工作就是负责给不同的客户打电话推销公司的各类产品。这是他大学毕业以后得到的第一份工作，底薪只有 2000 元，而当地的房租已经涨到了每月 1800 元，如果公司不提供住宿，他恐怕连栖身之地都找不到了。尽管他没有乱花钱的习惯，但是每到月底还是成了"月光族"，因为当地的物价实在是太高了。

很多同事坚持了两三个月就跳槽了，薪水涨了两三百元，日子依旧过得很艰辛。周阳没有别的想法，只想快点熟悉业务，多学些有用的东西，然后多出单多拿些提成。工作时他从来不斤斤计较，别人打100 通电话，他就打 200 通，别人想方设法忙里偷闲，他却不愿多浪费一分钟。虽然很忙很累，他还是会花额外的时间整理客户的资料，详细记录客户的年龄、职业、脾气、爱好等基本信息，并将其归类存档，然后根据这些资料，认真琢磨营销策略。

电话营销本身就是一个流动性较大的行业，两年之后很多和周阳同一批入职的员工都离开了，公司又引进了一批新鲜血液。然而这批新人还是和上批员工一样，只是把自己当成了廉价劳动力，每天都无精打采的，业绩非常不理想。

周阳已经晋升到了业务部经理的职位，变成了月薪过万的白领一族，在分享自己的工作心得时，他对大家说："你们现在的处境我很了解，因为我也是从基层晋升上来的。你们现在走的路我也走过，我想告诉大家的是摆在你们面前的是一次绝好的学习机会，它很可能对你们日后的人生发展起决定性的作用。不要计较自己干得多收获少，你们现在得到的是一次拿着薪水学习深造的机会，学到本领是你们自己的，谁也抢不走。等到你们练就了飞翔的技能，能展翅高飞时，谁还能把你们看成一文不值的鸡鸭？所以我奉劝大家不要再抱怨了，多学些本领充实自己才是正事。"员工们听了周阳的话，从此改变了工作态度，此后大家的精神面貌焕然一新，员工的出单率越来越高，薪水也都有了较大的涨幅。

刚刚参加工作时，无论是办公环境、薪资水平还是其他各方面的条件可能都不会令你十分满意，但是努力奋斗三四年以后，你的身价一定会比刚毕业时高出许多，选择的空间和余地一定也会比初出茅庐时大得多，那是因为通过学习的积累，你有了经验，有了较高的业务水准，自身价值的含金量提升了，所以自然从弱势角色中脱离了出来。

不要对第一份工作的待遇期待太高，而要多多关注公司所能带给自己的无形资产，比如说更好的成长机会、与优秀人士共事的机会以及足以让我们受用一生的宝贵经验等，这些才是我们应该追求的东西。在工作过程中，放弃计较，把精力用在提升自己上，我们才能变得更优秀，才能获得无法用金钱衡量的宝贵财富。

## 择业好比选鞋，舒适感比外观重要

每个人都不同程度上地拥有虚荣心，因此工作作为体现人生价值的一个载体，自然就成了人们竞相攀比的重要内容之一。体面光鲜的工作人人向往，大部分人都会羡慕进入 500 强公司和外企工作的高级商务人士，这些人举手投足都富有成功人士的风范。

其实世界上根本不存在最好的工作和最坏的工作，工作本身没有好坏之分，优劣只是你的主观心理感受而已，适合你的职业才是最好的，不适合你的即使你偶然得到了，最终也会失去。如果你能成为 500 强之一的公司的精英自然很好，但若是削尖了脑袋也挤不进去，就要学会面对现实。不要计较你所在公司的规模大小，或者是它目前是不是上市公司，在业界是否有名，你的工作性质不能以公司来衡量，公司只是为你提供了一个平台，在 500 强公司做职员和在普通企业做职员在本质上并没有太大差别。

工作不是我们的身份证，我们也不要把它当成人格的标签。我们选择哪一家公司不是为了获得某种优越感，也不是为了对外炫耀。无论是选择职业，还是选择公司，都好比选择鞋子，舒不舒服只有自己知道，别人的感受并不能代替你的感受。不要去计较鞋子的外观和材料，如果你的脚承受不住金鞋和银鞋的重量，那么还不如换回自己的布鞋舒服。工作也一样，适合自己的才是最好的，别人的看法并没有那么重要。

有一个年轻人向一位朋友诉苦："你知道吗？我现在做的就是世界上最糟糕的工作，天底下没有谁比我更倒霉了。"朋友问："你为什么会那么想呢?"年轻人说:"我的同学很多都进了上市公司,工作环境一流,待遇超高,连手机和私人电脑都是公司给配的,别提有多牛了。可我呢,待在一家只有30人的小公司,公司一点名气也没有,我跟同学提起的时候,他们都表示从来没有听说过。这还不算什么,公司因为招不到新人,我们每个人都要被迫干两个人的活,薪水却只发一个半人的,你说憋气不憋气。"

朋友说:"如果你对目前的工作非常不满的话,那就跳槽到同学的公司吧。"年轻人皱皱眉头说:"哪有那么容易,我要是能挤进去早就进去了。"不过在他向同学大吐了几次苦水之后,同学承诺愿意向老板推荐他。在同学的极力推荐下,年轻人终于如愿进入了上市公司。不过现实却远没有他想象得那么美好。

入职以后,他每天都要加班到灯火阑珊时分,还要频繁地出差。以前他非常羡慕那些乘机在世界各地飞来飞去的商务人士,可自己亲自体验的时候却完全不一样,他晕机晕得厉害,宁愿坐火车也不想坐飞机,但由于公务紧急,完全由不得他来选择。最让他接受不了的是公司把一个人当成三个人用,他每天累得精疲力竭,忙得昏天黑地,虽然赚到了不少钱但却没有时间消费。于是他又开始找朋友抱怨了,声称自己很怀念原来朝九晚五的日子。

朋友说:"既然这样,你就回去吧。"年轻人摇摇头说:"这怎么行?原来的老板肯定不会接纳我了。""你不试试怎么知道?"朋友如是说。过了一段时间,年轻人实在熬不住了,被迫辞职回到了原来的公司。老板说:"你兜兜转转走了一圈,现在应该找到适合自己的位置了。"年轻人点点头,表示以后一定会努力工作。虽然工作环境没有改变,但他的心情已经大不一样了。

工作本身没有高下之分,工作的意义和价值也不应根据公司各方面的条件来衡量。值得让你欣慰的是自己取得的业绩以及从工作中发掘的乐趣，而不是公司的名号或是一些附加条件。不要把工作当成修饰自己的华美舞鞋，而要把它当成让自己感到愉悦舒适的便鞋，只有这样你才能走好脚下的路，走得更久更远。

# 把功劳与荣耀归于团队

你是否有过这样的经历：为了一个项目埋头苦干好几个星期，但论功行赏时老板连你的名字都没提过；耗费数月时间为营销方案做调研，提案通过后，老板又把你这个大功臣忘在了脑后。是老板健忘，还是他根本就不承认你对公司做出的贡献？其实都不是。在很多时候，老板并不会提到每一位员工的贡献，可能是因为他并不知道某个细小的环节具体是谁负责的，他所知道的是由于项目部主管高度负责，团队全体成员通力配合，大家圆满地完成了任务，所以把功劳记在了项目部主管和整个团队的头上，而不是记在你一个人身上。

其实，你没有必要太过计较功劳的归属，因为功劳确实是大家的，而不是具体某一个人的。有句格言说得好："没有完美的个人，只有完美的团队。"单凭一己之力，其实你什么也做不了。罗马不是一个人建成的，而是千千万万的劳动者一砖一石垒砌而成的。同理，任何了不起的成就都不该归功于一个人，而应该将功劳与荣耀归于团队中的每一个伙伴。有的人或许会说："为什么项目部主管的功劳会被特别强调？这太不公平了。"其实项目部主管只是团队的代表，作为团队的带头人他自然会受到格外的关注，但明智的老板并不会把全部功劳记在他一个人身上，聪明的主管也不会把团队的功劳全部据为己有。

我们常看到各种颁奖典礼上，明星在发表获奖感言时，都会感谢公司、感谢每一位兢兢业业的幕后工作者，其实他们感谢的就是自己身后的整个创作团队。项目部主管就好比站在领奖台上的明星，他在光芒闪耀时，也在强调每一位团队成员的付出，虽然不会把每一个人的名字逐一列举一遍，但是作为集体中的一员，你应该为自己的团队感到骄傲，而不应该因为个人没有荣耀加身而深为不满。

有这样一则寓言故事：在森林里，狮子和熊是一对好朋友，为了打到更多的猎物，它们经常在一起合作。有一天，狮子在山坡上发现了一头肥美的小鹿，正想扑过去，被熊拦住了，它说："别着急，鹿这种动物虽然温顺，但跑起来非常快，你现在扑过去就会打草惊蛇，它受到惊吓准会一溜烟儿跑掉。"狮子觉得朋友说得很有道理，便向它请教对策："熊老弟，你有什么好主意？"熊说："我们两个前后夹击，叫它进退不得，到时它恐怕插翅也难逃了。"狮子点点头，同意了。

小鹿正悠然地吃着香嫩的青草，忽然听到草丛里有响动。它回过头一看，只见有只狮子正蹑手蹑脚地向自己走来，似乎准备对自己发动突袭。小鹿发现了险情，立即夺路狂奔，狮子跟在后面穷追不舍。怎奈小鹿天生就是奔跑健将，狮子使出全身力气也没追上它。这时熊突然蹿了出来，横在路中间把小鹿拦住了。它挥起巨掌将小鹿打昏在地。

狮子赶到现场以后，问道："这猎物咱俩该怎么分才合理呢？"熊说："分东西最重要的是公平，当然是谁的功劳大谁就多分。"狮子说："这鹿是我发现的，所以我的功劳最大。"熊说："如果我不给你出谋划策，猎物能抓到吗？就凭你那点本事，猎物早跑了。"狮子很不高兴地说："我要是不把鹿往你这边赶，你也没本事把它抓到啊。"它们两个你一言我一语地争执起来，谁也不甘心落于下风，接着越吵越激动，最后竟动手打了起来。被打昏在地的小鹿被它们的吵闹声惊醒了，它看到熊和狮子起了内讧，乘机马上爬了起来，然后一溜烟儿跑了。等到熊和狮子打累了，坐下来休息时，才发现猎物不见了。熊和狮子都开始感到后悔，不过它们已经不可能追上小鹿了。

这则经典的寓言小故事告诉我们，团队成员只有团结协作、互相配合才能更好地实现目标。在自己努力付出的同时，不要忽略和否定别人的付出，在完成任务以后，千万不要把集体的功劳归于个人身上，因为如果没有别人的配合，你一个人所能做的事情是非常有限的。个人和团队其实是互相成全的关系，你成就了团队，团队也成就了你，荣誉属于每一个成员，而不属于你自己。

## 多重视"升值"，少计较"升职"

很多人用"晋升的梯子爬不完"来形容自己的抱负和野心，可是爬到高位时又会生出一种"高处不胜寒"的惶恐，其实不是因为优秀的人注定孤独，而是因为自己不够优秀，能力和岗位高度不匹配，总是担心自己被拆穿或者有一天从高高的梯子上狼狈地摔下来。

不少刚刚被提拔上来的人都表现得格外不称职，这是因为他的能力成长速度没有跟上职务成长速度。在这种情况下，所处的位置越高，承担的风险便越大，如果出现了重大失误，随时都有被免职的危险。如此看来，那种乘坐直升梯式的快速升职就算不得福祉了，它实际上更像是一种折磨。虽然工资会随着职位的升迁水涨船高，但俗话说得好："没有金刚钻，别揽瓷器活。"揽了不敢揽的活计，终归是要付出代价的。对于年轻人来说，升值比升职更重要，不要过分计较自己在短时期内有没有得到提拔，因为自我升值是一个长期过程，若是你升值的速度追不上升职的脚步，那么就注定要吃更多的苦头。

方妍是一家服装生产企业的人事文员，已经在这个岗位上兢兢业业地干了三个年头了，对公司业务已是了若指掌，可是不知什么原因，她一直没有得到领导赏识，因为不曾升迁过，薪资的涨幅一直不大，她觉得再在公司里待下去自己也不会有什么发展了，于是向人事总监提交了辞职申请。

人事总监为了挽留她，特地找她长谈了一次，最后许诺说可以把她提升为分公司的人事主管。人事总监说到做到，很快就把她派到分部担当大任。起初，方妍还是很兴奋的，可是没过几天就开始感到惆怅了。她虽然熟悉人事的各大模块，但是却缺乏统筹的能力，工作一上手就感到力不从心。她的下属明显看出了她的吃力，所以心里很不服她，有时不听命令，有时与她争辩，搞得她不胜其烦。她这才明白主管并不是那么好当的，一个合格的主管必须要有极强的管理能力和业务能力，硬件不过关，自己没底气，权威也树立不起来，光靠端架子根本就不能服众。

以前方妍并不认为自己的上司有多了不起，现在才明白自己和上司的差距究竟有多大。上司不但有较强的专业能力，为人处世也很有方式方法，既有威仪又和蔼可亲，关键时刻能放下身段和架子和下属交心，难怪自己在她手下苦干了这么多年也没想过辞职。现在她以辞职为由换来了自己梦寐以求的职位，可理想照进现实时，总是那么令人唏嘘。而今每天上班她都像赶赴战场一样心事重重，每做一件事都战战兢兢，生怕被别人抓住了把柄，说自己不称职。由于精神压力过大，她病倒了，痛定思痛后，她被迫辞去了职务，接下来的路怎么走，她完全不清楚，内心感到无限茫然。

聪明的人在自己能力不足时，从不会计较职位的高低，也不会过早地垂涎高位，而会踏踏实实地积攒自己的力量，想方设法地促成无形资产的增长，步步为营地实现晋升的目标。所以在工作中，我们最好多重视升值，少计较升职，一定要让升值的速度赶得上升职的速度，这样才会以大材的身份被大大重用。

## 情感账户累加法则：付出就不要奢求回报

生活中，如果朋友遇到了难处向我们求援，我们会毫不犹豫地鼎力相助，无论在情感和物质方面付出多少都不会斤斤计较。可对待同事，我们便没有那么慷慨了。只要是帮了别人一点小忙，哪怕是举手之劳，我们也希望别人铭记于心，且希望日后对方能以其他形式还自己一个人情。所谓的人情，当然与纯粹的情感和友谊无关，它指的无非是一种非常现实非常功利的利益交换。

很多人把同事看成了利益联盟中的伙伴，认为是共同的利益把大家团结到一起的，如果双方之间不能实现利益互换，那么这个联盟就没有存在的必要了，甚至有人认为在职场上，人与人之间的交往本质上就是一种资源和利益的交换，交换的法则就跟商品流通中钱物交换或是物物交换一样，如果交换不是等价的，那么自己就要蒙受损失。所以在自己已经帮助了别人的前提下，要求对方必须做出表示，如果对方拒绝便要站在道德的制高点上，数落对方如何不知感恩，如何不讲道义，等等。殊不知感恩不是强求来的，所谓的道义也不可能站在目的不纯的人一边。

如果帮助了别人就索要回报，那么你出发的动机便不是善的。这就好比你举伞为某人遮雨，事后却要强行向对方收费一样。用这种态度对待同事，即使你为别人付出再多，也不会有人领情的。事实上，帮助别人，不计较回报，不索要回报，并不意味着一定没有回报。回报的方式有很多种，同事回馈给你的友谊是一种回报，同事日后更好地配合你工作也是一种回报，信任的目光、真诚的微笑也是一种回报。这些回报的价值要远远超出你那点微不足道的付出。只有认清这一点，你才能和同事之间建立起互助互信的关系，才能在实际工作中获得更大的收获。

小晴是个天生的热心肠，平时喜欢助人为乐，无论谁遇到了难题都会主动伸出援手。无论为同事出过多少力做过多少事她都不放在心上，且从来没有像任何一个人索要过回报。有一天她有急事向公司请了一个星期的假，临走前把比较紧急的工作任务交给了同部门的同事，她非常郑重地对同事说："拜托了。"同事打包票说："你就放心吧，我一定会把你的事当成自己的事处理，以前你也是一直这样对我的。"小晴再三谢过之后便离开了办公室。

等到小晴处理完了私事，回来上班的时候，出现了一件怪事，打开电脑以后，她发现公司系统显示她今天有一个客户要回访。她觉得很奇怪，她分明记得该回访的客户都回访过了，哪有什么新客户要回访。她拼命地去想，想破了脑袋也没有想清楚。询问暂时顶替自己工作的同部门同事她才知道，那个客户之前来过公司，当时是小晴接待的，小晴请假期间，他又来了一次，是来询问产品优惠价格的。同事帮小晴把这个单子谈成了，又把小晴的名字录入了公司系统中，等到客户再上门，小晴只要跟他签约就行了。

弄清事情的原委后，小晴无比感动，其实同事完全可以趁她不在的情况下把这个客户据为己有，毕竟她接待客户时，并没有记录这位客户的信息。同事不但没有这样做，反而帮她把生意谈成了，她感动得一时不知说什么好。同事轻松地说："其实你也不用把这件事太过放在心上，如果面临同样的情况，你也会为我做一样的事。人心都是肉长的，投桃报李是一件再正常不过的事。别把我想象得太崇高太伟大，我这个人很简单，你对我好，我就会对你好。我们之间是不必言谢的。"

正所谓："桃李不言，下自成蹊。"你做了好事即使不去宣扬，别人也会记在心上的。人与人的付出其实就像财务科目中的借贷方一样，从总体上来讲，双方是平衡的。不要以为自己不计回报地付出换不来对方一点回应，同事虽然不及朋友，但他们也是有血有肉有情感的人，不可能对你的善意和热心没有任何反应。如果你热心帮助别人却不落好，问题未必出在别人身上，很有可能出在自己身上。不妨问一问自己是否是心甘情愿地帮助别人，是不是仅仅是把对方当成了可利用的对象。如果自己真的扮演了伪善的角色，那么就不要责怪别人无情无义了。

人人为我的前提是我为人人，它不是一种利益上的等价交换，而是建立在人情和人性上的和谐共荣的关系。在职场中，多想想阳光的一面、温暖的一面，友善地对待别人，耐心地积累情感账户，一定能赢得好人缘。

# 一步的后退，换来更广阔的新天地

不要把被炒鱿鱼当成屈辱的经历，也不要和炒你的用人单位计较。无论企业是因为想要开源节流，还是因为质疑你的能力将你扫地出门，都不要心怀怨恨。因为上帝关上一扇门时，就会为你开启一扇窗。被炒不是结局，它仅仅是另一个故事的开端而已。文艺大师王家卫在年轻时也有过被炒鱿鱼的经历，那时他正是一个没有任何名气的普通编剧，因为写稿速度太慢被老板开除了。后来他去了另外一家影视公司，还是没有克服写稿慢的毛病，终于意识到自己的特长和兴趣并不在撰稿上，比起做编剧，他更适合当导演。于是他改行做了导演。如果没有那段被炒的经历，就不会有《花样年华》、《阿飞正传》、《重庆森林》这样经典的影视作品问世，电影界便会多了一个写稿拖沓的编剧，却少了一个顶级的文艺片大师。

老子说："塞翁失马，焉知非福。"这句话用在被炒鱿鱼上同样适用。不要像《在云端》里的人物那样苦大仇深，即使你已不再年轻也要以冷静的态度面对被炒。我国进入市场经济阶段以后，有多少大龄下岗职工重新在社会上找到了自己的位置，又有多少平凡的工人被迫走上了创业的道路，经过艰苦奋斗之后，一手缔造了属于自己的企业？索性把被炒当成一种历练或是一次全新的开始吧，不要过分计较其中的艰难苦涩，你的未来一定会比你想象得美好。

赵福田是一家机械厂的职工，已经有十多年工龄了，也算是厂里的老员工了。然而由于行业不景气，工厂效益下滑，厂里的不少老员工都被解雇了，赵福田就是其中之一。当时他刚刚付完新房的首付，存折里已经没有多少存款了，偏偏在这时候又失业了，真可谓是"屋漏偏逢连夜雨"。

赵福田顿时慌了，他不知道自己的出路到底在哪里，因此整日郁郁寡欢。他吃不下睡不着，在短短两个星期里瘦了一大圈。一位朋友见他整天愁眉苦脸，便安慰说："俗话说：'是福不是祸，是祸躲不过。'你这次失业未必是坏事，说不定是老天给你一个从头开始的机会。"赵福田沮丧地说："我既没文凭又没专长，哪还有什么机会？"朋友说："别这么悲观嘛，你看人家老干妈的创始人，只是个目不识丁的农村妇女，不是也成了成功的企业家了吗？你打一辈子工，做一辈子工人又能有多大出息，还不如自己尝试着做点小买卖。"

赵福田觉得朋友说得在理，便开始琢磨着做生意。有一天他到杂货店买东西，无意中看到旁边有家两元店贴出了转让的字样，一打听才知道，原来业主打算回老家，正急着把店面转出去。赵福田仔细观察了周围的环境，觉得这家店面地理位置甚好，附近交通四通八达，客流量又非常大，如果能多购进一些物美价廉的新货品，一定能赚钱。于是便向朋友借钱果断地盘下了这家店。

事情果真像赵福田预想的那样，他开设的两元店生意非常红火，没过多久他就赚到了第一桶金。可惜好景不长，一年之后附近又有两家两元店开张了，由于竞争太过激烈，他的两元店营业额下滑得非常厉害。他意识到了危机，于是马上转换思路，把更多的资金投放到了百货批发上。他的生意越做越好，经营的货品也越来越丰富。若干年后，他成了一位事业有成的批发商。想起自己走过的路，他非常感谢那段被炒鱿鱼的经历，因为若不是被逼到了无路可退的地步，他可能一辈子都没有胆量创业，一辈子都是一名普普通通的工人。

除了日本企业以外，全球大部分公司实行的都不是终生雇用制，金融风暴来袭时，许多企业会都用大举裁员的方式实现瘦身减负，被炒鱿鱼的人不计其数。如果你不幸成为了其中的一员，不必太过在意，俗话说："树挪死，人挪活。"换个环境，也许你能找到更适合自己的位置。就算被炒鱿鱼原因在你自己身上，你也不必太过介意，因为你很有可能是被放错了位置的人才，被炒之后你便可以从错位的状态中解放出来，找到更适合自己的发展道路。

第六章

# 大格局有大气量，大气的人生不计较

　　开阔的胸怀是一个人成就自己必不可少的条件，心量的大小决定格局的大小，一个人的心胸可以大若宇宙，也可以渺小如微尘，胸怀浩大的人格局一定不可限量，心胸狭隘、热衷于斤斤计较的人则永远都不可能成就恢宏大业。

　　成功路上难免要受些委屈，经历些挫折，强者的胸怀都是被委屈撑大的，如果受了一点小小的挫折就一蹶不振，那么永远都不可能成为赢家。此外成功不是一个人孤单地奋斗，人和的因素很重要，如果你没有容人之度，没有容人之量，遇到一点小事就计较不休，势必失去很多支持。胸怀博大的人，大都能容天下难容之事，遇事拿得起、放得下，遇事不计较，就算面对强大的对手和与自己气场不和的人，也能保持一定的宽容，如此才能把精力从不必要的纠葛中解放出来，把有限的时间和生命投放到更有价值的大事上，成就一番不凡的事业。

# 不要把对手当成劲敌，而要把他当作教练

有位动物学家在游历非洲时，在奥兰治河一带发现了一个难以理解的奇特现象：在相同的环境下，河东岸的羚羊无论是在繁殖能力还是在奔跑速度上都要强于西岸的羚羊。动物学家百思不得其解，为了找到答案，他联合动物保护组织做了一项实验，在两岸各捕捉了十只羚羊送到对岸去，然后对这些实验对象进行长期的跟踪观测，结果发现被运送到西岸的羚羊繁衍到了 14 只，而被运往东岸的羚羊大部分都死掉了，只剩下了三只。动物学家并没有马上揭开谜底。后来有人发现河东岸有狼群出没，原来那七只羚羊是被狼吃掉了。

真相原来如此简单，东岸的羚羊之所以奔跑迅速、体格强健，是因为它们时刻受到狼群的威胁，为了生存，它们变得越来越强大，所以当其中的十只被送往对岸时，它们很快适应了那里的环境，种群迅速扩大了。而西岸的羚羊由于没有天敌，习惯了慢悠悠地吃草，平时也懒得奔跑，所以体格比较羸弱，被送到群狼环伺的东岸时，立即变成了狼群的美餐，只有三只暂时逃脱了死亡的噩运，但长期生存下来的可能性是非常小的。

羚羊是食草动物，正是因为有了掠食者的存在，它们才跑出了超常的速度，练就了强壮的体魄。没有了天敌，它们就会成为弱小而行动迟缓的呆头动物。食草动物如此，其实食肉动物也一样。

在秘鲁的国家级森林公园里，生活着一种极为珍稀的动物——美洲虎，它的活动范围足有 20 平方公里，虎园环境优美、林木苍郁，到处都有牛、羊、马的踪迹，非常适合老虎捕猎。可是这位森林之王一

点都没有虎啸深山的霸气，每天只知道吃和睡，总是一副无精打采的样子。人们认为老虎太孤独了，于是又引进了一只雌虎陪它做伴，但它依旧打不起精神。后来动物学家建议引进一只豹子。人们依言行事。森林里有了豹子之后，老虎果然变了一副模样，它不是站在山巅上咆哮，就是迈着矫健的步伐四处游荡，浑身透出一股王者的霸气，似乎时刻都在提醒外来者谁才是真正的森林之王。

在自然界中，无论是食草动物还是食肉动物，想要保持旺盛的生命力，就不能缺少竞争对手。在人类社会中也是如此，没有强劲的竞争对手，我们便感觉不到压力，很容易自满或懈怠。从某种意义上说，正是因为对手的存在，我们才能时刻保持警醒。但不可否认的是，竞争对手确实会对我们构成潜在的威胁，他们的强大也许会挫伤我们的信心，伤害我们的尊严，给我们的人生带来更多的挑战，所以我们有足够的理由对他们怀有一定的戒心和警惕之心，但没有必要过分计较他们给我们带来的有限的负面影响，因为他们给我们带来的正面影响足以掩盖所有负面影响。

也许我们很难和对手成为真正的朋友，可是这并不意味着彼此就是针锋相对的敌人，只要把心放宽，不去计较，不去妖魔化对方，对手远没有我们想象得那么可怖。客观来说，没有对手，我们的人生会像白开水一样平淡乏味，正是因为有了他们的存在，我们的生活才得以喧嚣和沸腾起来。是对手让我们时刻保持斗志，是对手磨砺了我们的意志，是对手赋予了我们更顽强的生命力。所以我们应该感谢对手，把他们当成自己的人生教练，感谢他们在交锋和切磋中逼迫我们成长。

可口可乐公司的负责人在发表成功感言时说："我们能取得很大的成就，要感谢我们的强劲对手百事可乐，为了在竞争中取胜，我们必须认真地对待每个环节，把工作做得更细致更完美，因此我们的产品质量和产品品质才得以不断提高，可口可乐才会受到这么多人的喜爱。"百事可乐公司的负责人对于老对手可口可乐公司同样充满感激，他认为双方的这种良性竞争有助于逼迫大家共同提高产品品质。

可口可乐公司和百事可乐公司在竞争中经常狭路相逢，然而双方都没有把对方当敌人，而是把对方当成了督促自己进步的教练，正是因为有了这种心胸，它们才得以在残酷的竞争中不断进步和成长。可见在我们的生命里，可以缺少志同道合的伙伴，但却不能缺少竞争对手，因此是对手让我们由羸弱变得坚强、由怯懦变得勇敢、由懒惰变得勤勉，是他们逼迫我们成就了更好的自己。坦白来说，激励我们奋勇前进的，不是顺境，也不是朋友，而是那些可能会把你逼到悬崖的对手，是对手让我们获得了涅槃后的新生，所以我们应该感谢他们而不是憎恨他们。

## 人生总有一种始料未及，让你峰回路转、柳暗花明

有人说世上没有真正的绝境，只有绝望的心境，只要你始终对生活抱有美好的期待，在绝望中也能找到希望。这是一种励志而又暖心的说法。可是当你遭遇重大人生变故，承受破产、失业等种种痛苦和煎熬时，往往会觉得自己已经走投无路，似乎未来的格局大致已定，继续走下去只会陷入"山重水复"的迷宫之中，越挣扎越是觉得眼前一片黑暗。

爱因斯坦说："黑暗是不存在的，黑暗是因为缺少光亮。"换言之，山穷水尽的境况是不存在的，我们只是暂时没有看到柳暗花明而已。其实前路不通时，并不意味着路真的已经到了尽头，眼前没路可走，便是老天在提醒你峰回路转的时刻到了，所以在这种情况下，你就没

有必要再继续执迷下去了，回转身转个弯，也许后退一步，便能海阔天空，为自己赢得更大的回旋空间。

不要抱怨命运残酷，人生路上难免有些风风雨雨，生活中很多事情不必太过在意，得失就如紧握在手中的流沙，只有以不计较的心态摊开手掌，你才能收获更多。也许面对生活的考验时，有时你感到无能为力，有时感到无可奈何，有时觉得无路可走，在最艰难的时刻，看不到一丝曙光和希望。但你要相信这种痛苦的经历不过是人生中的一断小插曲而已，阴霾终将被驱逐，无论怎样，你都有机会看到雨过天晴的那一天。正所谓"天生我材必有用，千金散尽还复来"，只要你不肯让自己的信心彻底枯萎，敞开胸怀容纳所有的不幸和苦难，"行至水穷处"也能保持一份"坐看云起时"的悠然，那么即便前方已经没有了路，眼前只有苍茫的风雨，照样能把危机变成转机，为人生打开新的局面。

有位果农由于赶上了多年不遇的天灾险些破产。好不容易盼着苹果丰收了，孰料还没等到采摘，忽然天降冰雹，好端端的苹果被砸出了无数个难看的疤痕。眼看苹果破了相，果园里一片惨不忍睹的景象，果农心里无比茫然，他已经跟外地的包销商签了合同，如果不能保质保量地供货，按照合同规定，他不但要退货，还得赔上一大笔钱。他手头没有多少积蓄，根本支付不了赔偿的款项，若是对方坚持退货赔款，他真的就被逼得走投无路了。

面对绝境，果农并没有马上绝望，他强迫自己冷静下来，后来居然急中生智想出了一个妙招。他把苹果悉数装箱，并在每一只包装箱里都装了一封信，信中这样写道："尊敬的顾客，我们是产自高原的苹果，其特点是脸上布满标志性的小小疤痕。千万别小看这些疤痕，它可是来自上苍的恩赐。高原气候多变，收获季节，忽然降下了一场热闹的冰雹，高原特有的风貌就这样印在了我们的脸上。这些小小的疤痕给了我们最有说服力的身份证明，看到它们，您便知道我们绝对正宗，绝非假冒产品。不信您就吃一口尝尝，保证特甜!"

包销商看了这封妙语连珠的信，并没有要求退货，事实证明他是对的，这些有疤痕的苹果由于残留了高原冰雹特有的印记，一经推出就受到了广大消费者的欢迎，成为了市场上最畅销的苹果品种。

人生总有一种始料未及，让你峰回路转、柳暗花明，你认为走不过去的路也许换个方向就走通了，你认为迈不过去的坎儿也许在不经意间就跨过去了。只要你能心平气和地面对所有突如其来的变故，那么变故就不可能成为摧毁你大好人生的事故，而只会变成一个娓娓动听、转败为胜的美妙故事。

常言道，人生不如意之事十有八九，失意是人生中的一部分，这是自然之道，非人力能改变。所以我们就应该以宽广的心胸包纳所有的不如意。大诗人李白曾经说过："草不谢荣于春风，木不怨落于秋天。谁挥鞭策驱四运? 万物兴歇皆自然。"是的，物竞荣杀乃是客观世界的一部分，人非草木，但作为自然之子，我们自然也逃不开造化的考验，面对困厄，怨天尤人是没有意义的，唯有勇敢地接受挑战，我们才能迎来属于自己的柳暗花明。

## 义愤填膺时，要学会让自己合理发泄情绪

在工作场合，难免会遇到一些让人怒火中烧的事，比如碰上一个难缠的客户，费尽唇舌也不能消除对方的误解；为了一个项目呕心沥血地付出，只要有一个细小的环节没做到位，就会受到老板的严厉呵斥；更倒霉的是无缘无故地替别人背黑锅，受尽了委屈。遇到这些情

况你会怎么办？提高嗓门和惹怒自己的人对吼，还是把手机狠狠地砸到电脑显示器上？这样做虽然能让你逞一时之快，但后果却是相当严重的。你的人生格局很有可能在你发了一通火之后被完全打乱，你丢掉的可能仅仅是一份工作，也可能是整个未来。理智告诉我们，职场不是童话乐园，发火须慎重，凡事太过计较就会引火烧身。

诚然，在受到不公平的待遇时，你有理由生气，也有理由义愤填膺责怪他人，因为你确确实实是受了委屈。可是冷静下来，你仔细想想，发火又能给你带来什么好处呢？这样做能让你心中的委屈减少半分吗？受到批评或遭到误解以后，如果你立即以最激烈的方式反击，那么只会让双方的矛盾越来越深。最明智的做法是等到双方都心情平复后再找时间沟通。

如果有人粗鲁地对待你，无缘无故地朝你大喊大叫，你需要明白他并非是真的针对你，或许他正经历什么打击，又或者正承受着巨大的压力，以至于无法控制自己的行为。不要对他的无理行为过分计较，只要你不去针锋相对地与其争吵，对方的怒火很快就会自行熄灭。无论什么时候，你需要明白，以愤怒回应愤怒是最不恰当的解决问题的方式，如果在某些时刻，你确实心中装满了怨气、怒气，觉得自己俨然变成了储满气的轮胎，那么最好的办法莫过于及时想办法合理发泄情绪，只要发泄掉了大部分怒气，遇到再恼火的事情你也可以冷静面对了。

何晋刚参加工作时没少受气，由于业务不熟练，他屡屡遭受批评，因为自己确实没把工作做好，所以他从不为自己辩解，但有的时候别人犯了错误也往他身上推，甚至不止一次让他当替罪羔羊，他就有些受不了了。有一次项目中的某个环节出现了重大纰漏，老板不分青红皂白地把他大骂了一顿，想起以前受的委屈，他再也坐不住了，猛地站起来，大声抗议道："这个环节根本就不是我负责的，你弄清楚了再讲话好不好?"老板先是愣了一下,然后说:"可徐经理说问题就出在你身上。"何晋气冲冲地说:"只要有了问题就全怪罪在我头上,如果我走了,看你们还能诬赖谁?"说完便决绝地摔门而去。

何晋一怒之下选择了辞职。到了第二家公司工作的时候,他又遇到了同样的问题。作为职场新人,他总是遭到各种各样的责难,一旦工作出了差错,他立即就成了众矢之的,替人背黑锅成了常有的事。有时他百口莫辩,所以总是装了一肚子气,实在气不过的时候,就朝同事、上级发火,把人际关系搞得很僵。

有一天上司专门抽出时间找何晋谈心,他没有直接讲工作上的事情,而是问了他一个问题:"一辆车在穿行沙漠的时候,车胎陷进了沙里,如果你是司机会怎么做呢?"何晋不假思索地说:"当然是把车推出来啊。""那需要费很大的力气啊,而且以你的体格看,你一个人是没法把车子推出来的。其实不用这么麻烦。你只要把轮胎里的气泄掉就行了。车胎泄过气之后,与沙面的接触面积会增大,对地面的压强则会变小,那么陷入沙子的深度也会相应变浅,如此一来,汽车就很容易开出来了。"

何晋茫然地看着上司,不明白他究竟想说什么。这时上司忽然话锋一转:"当你的人际关系陷入僵局时,最好的办法就是及时发泄掉心中的怒气、怨气,这样你才能走出困境。"何晋终于明白了上司的想法,此后就不再轻易发脾气了,遭到误解时他尽量沟通解释,很多误会在轻松愉快的氛围中便消除了。

愤怒是人的正常情绪,遇到不平事或受到委屈时,生气是一种正常的反应。但是如果你常常大发雷霆,总是怒火狂飙,不但会严重破坏和谐健康的人际关系,还会给自己未来的发展前途带来很多阻碍。有的人一生气便大发脾气,对外界的刺激表现得反应过度,期间常伴有攻击性的行为,这种冲动的做法往往会带来不可预料的可怕后果。

有的人在受到无理对待时总是忍气吞声，结果由于过分压抑，把自己的身体气出了毛病。可见在面对发怒这个问题时，我们应谨慎对待，既要保证不去伤害别人，也要保证自己不受伤害，最稳妥的办法就是找到合适的方法和途径让自己快速消气。

快速消气的方式有很多种，打球、跑步、从事高强度的运动等，让自己痛痛快快地流一场汗，可以在短时间内让你的怒火降下来。找个没人的地方放声高歌或大喊大叫，能迅速缓解由于愤怒而产生的胸闷、压抑等不适感。畅快地吃些冷饮，可以降温降火，让你的头脑和身体一起冷却下来。当然最好的排解方法，是向一些感情甚笃的朋友述说自己的委屈和不快，把所有的负面情绪一吐为快，等到自己足够冷静之后，再去处理和解决职场上的问题。

## "争"未必会得到，"让"未必会失去

《菜根谭》有云："人情反复，世路崎岖。行不去处，须知退一步之法；行得去处，务加让三分之功。"意思是人情冷暖变化无常，人生之路崎岖坎坷。遇到阻遏走不通时，须明白退一步海阔天空的道理；路路亨通、事业顺遂时，须让三分便利给别人，要有谦让三分的胸襟和不与人争的美德。确实如此，成大事者皆有不争的胸怀，正所谓："夫唯不争，故天下莫能与之争。"只有做到与世无争，才能真正天下无敌。

在很多时候，不争比争对自己更有利，精明的企业家在做项目时，即使自己有能力独自完成，也会主动邀请更多的合作伙伴加盟，他们这样做主要是为了跟对方建立长久稳固的合作关系，在让大家都获得

了利益的同时，自己也能成为最大的赢家。现实生活告诉我们，资源和利益只有在共享的情况下，才能最大限度地发挥效用，任何一种想要独霸好处、独吞一切的做法都是短视的行为。争会搅得人心涣散、鱼死网破，唯有不争才能实现合作共赢。

赵杰在公司里是个阿甘式的人物，做事时他永远是最积极的，但是在分配物资时，他总是不急不争。有一次单位分发奖品，据说运气好的人能抽到一辆豪华私家车，运气再不济的人也能得到红包或者是家电之类的实用物品，大家为了抢到大奖都急红了眼，而他却在这样关键的时刻出差了，没有参与抽奖活动。事后，所有人都为他感到惋惜，他却毫不介意，仍然像以前那样卖力工作。

由于工作努力，表现出色，又没有获得相应的回报，老板觉得对赵杰有些亏欠，恰巧业务部的主管被调到了总部，公司一时也没有合适的人选，老板便决定让赵杰担当重任，既算是对他的补偿，也算是给年轻人一个机会。赵杰上任以后，立即着手整顿团队，把一群散兵游勇似的员工变成了一群精兵强将。

原来，部门里有不少小肚鸡肠、喜欢斤斤计较的员工，每隔一段时间都会挑起是非，还有很多消极懒散、拈轻怕重、喜欢搭便车的员工，非常影响团队士气。然而自从赵杰带队以来，那些小心眼儿的员工变得豁达了，那些散漫自私的员工变得有责任感了。这不得不说是一个奇迹。其实员工们的精神面貌之所以能焕然一新，并不是因为赵杰有什么高明的管理手段，而是因为有了好处他从不自己独享，有了功劳他从不自己独占，但凡得到一点利益，他都要惠及团队里的每个成员，所以大家都愿意死心塌地地追随他。

比起前任精于算计、寸利必争的做派，赵杰简直傻得可爱，即使自己功劳最大、出力最多，他也没把自己的付出太当回事，却总是强调所有的业绩都是大家共同努力的结果，每一个为之出力的人都有资格获得相应的奖励和酬劳。其他部门的主管因为独领功劳，早就得到了巨额红利，赵杰却把红利分给了大家。若干年后，其他部门的员工纷纷跳槽，他们的主管由于留不住人才薪资一降再降，而赵杰的团队却发展得越来越好。到了年终总结时，无论是老板还是员工，都觉得必须嘉奖赵杰，因为他对团队做出的贡献是无人能及的。经过一番商议，老板给了他一套房子，还给了他一定数额的股票，就这样什么都不争的赵杰反而成了得到实惠最多的人。

在别人都在为一己之利抢夺不休时，不争凸显了你的境界；在别人都在为金钱、利益争得头破血流时，不争体现了你的胸怀；当别人奉行着"有难同当，有福独享"的现实法则，显露出了长颈鸟喙的丑恶一面时，不争展现了你的风骨。你若能做到不争，世上便没有人可以与你争锋，因此不争是至境，谦让到一定的境界，别人也不好意思再与你争，那么到了最后关头，你反而会成为最大的赢家。事实上，争未必会得到，让也未必会失去，利益面前不计较反而会让你受益更多，故不争比争更明智。

## 强者的胸怀是被委屈撑大的

阿里巴巴的创始人马云曾经说过："男人的胸怀是被委屈撑大的。"的确，没有人天生心胸宽广，很多名噪一时的大人物由于不曾经历过磨砺、打压，没有受过半点委屈，胸怀和气量也相当狭小，比如三国时期的周瑜，虽有经天纬地之才，年纪轻轻就能立下火烧赤壁的赫赫军功，成为被广为颂扬的千古风流人物，但因为缺少历练，心胸分外狭窄，嫉贤妒能不说，最后竟被诸葛亮活生生气死了。足见有才情没胸怀是多么可怕。

　　真正的强者不会计较自己受过多少委屈，而会把委屈和苦难当成一笔无形财富。和周瑜年少得志不同的是，马云35岁时仍然面临着事业的惨败，37岁之后他才迎来了人生的春天，获得了前所未有的成功。从创业伊始到阿里巴巴成功问世，期间历尽挫折，马云曾一度饱尝失败的心酸，所承受的压力和委屈非常人能想象，然而正是这些艰难困苦的经历，成就了他的胸襟和气度，所以在步入人生巅峰时，他才可以自豪地说："男人的胸怀是委屈撑大的，受的委屈越多，胸怀越大。"

　　人之一生，总要经历一些委屈和痛苦，才能真正成熟起来，大多成功者都是在隐忍和煎熬中成长和强大起来的，你若是能忍别人所不能忍、容别人所不能容，深陷逆境时能保持乐观洒脱的态度，在顺境时能保留一份清醒，即便是在逼仄的夹层里游走，也能从容自信、气定神闲，那么你事业的高度一定是不可限量的，因为一个人的气度决定了他事业的大小，具有非凡气度的人，格局往往会无限开阔，事业也会蒸蒸日上。

　　正所谓"艰难困苦，玉汝于成"，铁不经捶打，淬炼成不了好钢，河蚌不承受沙粒磨砺的痛苦，孕育不出光彩夺目的珍珠来，流水不与岛屿暗礁激烈碰撞，激不起美丽的浪花。有时候痛苦和委屈便是迫使你蜕变的催化剂，你咬牙挺过去了，便能用双手撑起事业的格局与未来。

　　她是一名毫不起眼的勤杂工，在一家大公司里工作，主要负责打扫卫生以及给那些高级白领们端茶倒水。有一天公司领导派她到外面购买办公用品，不想回来后却被办公楼里的门卫拦住了。由于出去时太过匆忙，她忘记带工作证了，无论怎么解释门卫也不肯让她进去。期间，她眼睁睁地看着许多身穿职业装的职员旁若无人地走进了办公大楼，没有一个人主动出示工作证。于是她便问门卫："他们没有出示工作证，怎么就能进去？"门卫鄙夷地看了她一眼，懒得跟她解释，直接挥手让她走开。平生第一次，她感到自己的自尊被人无情践踏了，看着自己身上破旧的衣衫，再看看自由出入办公楼的那些白领们光鲜靓丽的衣装，她尝到了被歧视的滋味，心里暗暗发誓终有一天她要出人头地，让所有看不起她的人都对她刮目相看。

此后，她好像变了一个人，每天都最早来公司最晚离开，工作之余努力抽出时间学习知识充实自己。很快，公司领导就发现了她身上的潜质，让她做了业务代表。得到机会后，她更加卖力地工作，期间遇到了很多常人难以想象的困难，她都努力克服了。在她看来现在所承受的挫折、压力和委屈，跟被挡在办公楼外的耻辱比起来，根本不算什么。正所谓功夫不负有心人，经过一番拼搏奋斗，她晋升为了这家大型跨国公司中国地区的总经理，后来又成为了微软中国公司的总经理。

她学历不高，起点也很低，当过微不足道的小角色，被歧视过也被忽略过，饱尝人世心酸，受尽委屈，但是她从来也没有屈服过，也从来没有缴械投降认输过，而是忍辱负重地一步步走过来，终于创造了奇迹，完成了由勤杂工到商界精英的华丽蜕变。她就是被誉为"打工皇后"的传奇女强人吴士宏。

人的胸怀是被委屈撑大的，世上没有天生的强者，宠辱不惊也不是人与生俱来的品质。一个人没有狠狠地跌过跤，便走不出铿锵有力的步伐；一个人没有经受过挫折训练，不曾经历过灵魂上的洗礼，生命便得不到进一步升华。有时候，屈辱也能转化为特殊的动力，假如你能承受常人无法忍受的委屈，那么你所能到达的高度便是别人难以企及的。

## 优秀的人都有一段沉寂的时光

　　刚刚踏入社会，年轻人大都热血高涨，总是摩拳擦掌、跃跃欲试，随时准备投身到一项辉煌大业中，以为自己敢想敢干、肯吃苦，就能打拼出一片天地。可是过了若干年以后，发现自己升职希望渺茫，薪水也没有多大涨幅，加班加点地工作换不来任何回报和认可，除了慢慢消耗残存不多的热情，默默无闻地空耗岁月以外，真的很难再找到其他目标了，过去那种渴望一鸣惊人、出人头地的天真梦想也在现实的积压下被碾压得粉碎，许多人开始怀疑，自己是不是注定要这样庸庸碌碌地过一辈子。

　　其实很多年轻人都有类似的境遇，想要成为人杰却每天做着琐碎的重复性工作，想要做一番大事却长期扮演着小职员的角色，有时灰心失望，有时心有不甘，但是始终不知道出路在哪里。其实遇到这种情况，你不必太过茫然，也别太计较，因为没有人可以随随便便成功，优秀的人都有一段沉寂的时光，你现在籍籍无名不代表永远会这样。要知道成就斐然的大人物背后都有一段不为人知的心酸往事，在黎明的曙光到来之前，他们就像黑暗中的种子，尽管看不到一丝光亮，依然要默默地生长发芽，所以日后才有了参天耸立的风姿。

　　俞敏洪在创办新东方前，只是北大一名普通的英语老师，因为私自在校外授课受到了严厉的处分，他被迫离开了北大，职业生涯进入了低谷。当时他已经29岁了，还是一个刚失业的待业青年，境况可能还不如你。乔布斯30岁的时候，被股东们联合逐出了自己一手创办的苹果公司，一夜之间失去了一切，瞬间由风光无限的老板变回了不知所措的普通人，他面临的正是万千小人物所要面临的局面，且不得不思考这样一个问题：生活该怎样重新开始。

不要担心自己被关进围城永远走不出来，只要你不甘心永远沉寂下去，时刻渴求改变，再坚固的城墙也是有可能被你冲破的。不要担心自己会永远被埋没在草丛里，如果你真是一颗明珠，即使被丢弃在瓦砾堆里，也能绽放耀目的光华。不要过早地慨叹"冯唐易老，李广难封"，而要以"穷且益坚，不坠青云之志"的积极态度继续在理想的道路上坚持走下去。只要你的信心还在，希望的种子还活着，就不要轻易怀疑明天。

沈璐是一家广告公司的策划专员，她做事很有拼劲，而且非常有想法，每个策划都做得别出心裁，所以许多大中型的策划活动领导都放心让她一手操办。有一次，沈璐负责给一家服装公司新上市的品牌做策划活动，她帮客户选好了发布会的场地，也联系好了当地的媒体，并妥善安排了来宾的接待、住宿等事宜。虽然产品发布会一天之内就结束了，但沈璐为了它的筹备和宣传，足足耗费了三个月时间。那段时间里，她几乎天天加班，体重暴减，整个人都要累散架了。然而策划活动大获成功，功劳却全都算到了策划部经理头上，沈璐依旧是那个不起眼的小兵，没有受到任何重视。

沈璐感到很灰心，在庆功会上一言不发，仿佛隐形人一样，老板在表扬了策划部经理一番之后，爽快地递上了一个大红包，从厚度判断，里面至少有两万元。沈璐拼死拼活工作，每月赚4000元的工资，得到的最高数额的奖金只有300元，她觉得自己的付出和回报严重不成正比，心里很不是滋味。更让她难过的是，她觉得自己的努力长期得不到认可，以后恐怕也不会有出头的机会了。沈璐是个很有上进心的女孩，一心想着干出一番成就，怎奈缺少平台，她这个有将才本领的士兵总是找不到用武之地。

沈璐虽然有些受挫，但意识到生活还得继续，于是调整好心态以后，依旧像脚踩风火轮般奔波劳碌，经常忙得昏天黑地，她的表现其实早被老板和所有员工看在了眼里。她默默无闻地沉寂了两年以后，策划部经理跳槽离开了，老板放心地把整个部门交给她管理。听到这个消息，她感到既意外又受宠若惊，老板向她解释说："你的能力和工作态度我一直很欣赏，以前没有重用你是因为你太年轻了缺少历练，经过两年的沉淀，我相信你能把事情办好，而且不会辜负我的期望，所以才放心把权杖交给你。"

从平庸到卓越是一个漫长的过程，你必须耐心等待，才能迎来属于自己的鲜花和掌声。优秀不是一种基因，也不是一种天赋，而是一种品质，是经过后天历练得到的犒赏。你若耐不住寂寞，过早地灰心，就会在沉寂了一段短暂的时间之后，放弃了通往优秀的道路，那么就一辈子与成功无缘了。遗传学之父孟德尔经过了34年的漫长等待，成就才被世人所认可，你不过是沉寂了短短几年时间而已，所以不必过早地为自己的人生下定论，只要你有信心把自己修炼得足够强大和优秀，终有一天会让别人看到你高大的身影。

## 有一种雅量叫容人

在人际交往中，我们通常面对的是三种人：第一种是惺惺相惜的知己，跟他们在一起，我们总是能感觉到那种"心有灵犀一点通"的默契，即使彼此不开口讲话也不会感到尴尬，反而会十分享受这种心照不宣的状态，这样的朋友，终其一生，我们可能只能碰到一个，幸运的话，会碰到三五个。第二种是不共戴天的仇人，这类人以打击报复我们为最高目标，事事与我们作对，把我们看成眼中钉、肉中刺，恨不能除之而后快。这种人我们一辈子可能一个也碰不到，倒霉的话，可能会碰到一个或者两个。我们接触的最多的人就是第三种人，他们既不是我们的知己也不是我们的敌人，和我们的关系不远不近、感情不冷不热，彼此之间略有共通之处，但分歧和不同点更多，想要和这些人和平共处，唯一的方法就是懂得求同存异，尽量学会包容。

一个人想要在社会上谋求更大的发展，必须懂得包容。荀子说："君子贤而能容罢，知而能容愚，博而能容浅，粹而能容杂。"明白这个道理，并身体力行地践行这条原则，我们的心胸就会越来越宽大，襟怀也会更加坦荡，人际关系也会越来越和谐，事业和生活也将顺风顺水。可在现实生活中，想修炼成海纳百川的度量并不容易，容人也不像我们想象中那么简单。

有一个从越南战场上归来的美国士兵，回到旧金山后，给家里的父母打了一通电话。他用试探性的口吻问道："爸爸妈妈我回来了，不久以后就能见到你们，我想带一个朋友一起回家可以吗？"他的父母听到儿子的声音都非常高兴，自从儿子去越南打仗，老两口每天都提心吊胆，生怕以后再也见不到他了。听到这样一个简单的请求，他们异口同声地回答："好啊，回来就好，我们很高兴能见到他。"

"不过，"儿子话锋一转，语调变得低沉了，"有件事我必须如实向你们讲清楚，他在战场上受了重伤，失去了一条腿和一只胳膊，现在变成了一无所用的残疾人了，已经到了走投无路的地步。正是因为这样，我才要求你们跟他一块儿生活。"

父亲听完儿子的解释迟疑了一会儿，然后说："儿子，我很抱歉，我觉得我们最好还是另外给他找个安身之处比较妥当。"儿子坚持要求父亲收留那名残疾军人。父亲又说："你还年轻，不知道自己究竟在做什么。像他这样的残障人士，无论到哪儿，都会给别人带来麻烦和负担。我们自己还要生活，好好的日子不能让他给破坏了。你回家之后，就会忘了他的。你还有大好的人生，不要被这样的人牵绊住。"

儿子明白了父亲的意思，沮丧地挂了电话，从此他再也没有拨通过家里的电话，他的父母和他彻底断了联系。几天之后，旧金山警局给这对夫妇打了一通电话，告诉他们，他们的儿子跳楼自杀了。老两口悲痛欲绝，他们一路流着泪坐飞机赶到了旧金山，在看到儿子尸体的一刹那，两人都惊呆了，原来他们的宝贝儿子只剩下了一只胳膊和一条腿，儿子苦苦央求他们收留的残疾大兵竟然就是他自己。

这对夫妇因为不肯包容一个身体有缺陷的大兵而痛失爱子，这显然是一幕人生悲剧。事实上，我们大部分人都像故事中的那位大兵的父母一样，只愿意无条件地包容最亲近的人，而对于那些给自己造成不便和不快的人，采取的则是锱铢必较、敬而远之的态度。其实人人都是上帝咬过一口的苹果，每个人都有缺陷，或许有些人在我们眼里狭隘、愚蠢，有些人在我们看来十分不堪，但他们身上也是有闪光点的，没有人是真正的一无是处的。正所谓"水至清则无鱼，人至察则无徒"，如果我们以苛刻的眼光审视每一个人，那么世上可交之人必定寥寥无几。

任何一个成大事的人都是有气量、有度量的，在社会的舞台上，他们从来不唱独角戏，而是热衷于百家争鸣的讨论，既能听得了金玉良言，也能受得了别人的浅薄无知。他们深谙人性的弱点，也能看到别人的缺点，然而却从不愤世嫉俗，而是能以同情心和包容心平和地对待每一个人。与人话不投机时不去讽刺挖苦，面对争议时能坦然付之一笑。修炼到这种境界，所有的矛盾和纷争都将不复存在了，我们就不必再为人世间的纷纷扰扰而苦恼了。

# 让宽容解开千千"怨结"

如果有人无意中做了伤害你的事，你会选择宽容原谅，还是会"以牙还牙"、"以其人之道还治其人之身"？俗话说得好："冤冤相报何时了"，与其与人交恶，处处树敌，不如大度一点，宽容一点，与对方主动冰释前嫌，"相逢一笑泯恩仇"。

宽容是化干戈为玉帛、化敌意为友谊的灵药，也是融合人际关系的润滑剂。学会宽容，便是学会了待人处世的良方。宽容是一种柔性的力量，它具有"百炼钢化绕指柔"的神奇效果。在现实生活中，批评惹人不快，谩骂令人憎恶，威胁让人恼火，羞辱让人愤恨，唯有宽容让人没有招架之力。

水至柔，却拥有比钢铁更强大的力量，宽容亦如此。你用力挥拳打向坚硬的钢铁，钢铁会对你报之以痛楚，而水则会将所有的戾气和蛮力消解于无形，无论你的力道有多大，都会对它无可奈何。这说明至柔之物乃至刚，能容人之过，与人为善的人是不可战胜的。

人生在世，孰能无过？不食人间烟火的圣人在没有被刻意美化的情况下，也都犯过错误，有过过失，反躬自身，我们也一样，也曾因为不经意脱口而出说出的一句话伤害过别人，也曾由于疏忽做过各种各样的蠢事。我们允许自己犯错，也要允许别人犯错，不能对任何人"一过定终身"。诚然，别人的"过"会给自己带来伤害和损失，但是我们的"过"又何尝没给另外一个人带来伤害和损失，我们只有学会了宽容，才能被别人宽容，人与人互相宽容和谅解，彼此才能一团和气。屠格涅夫曾经说过："生活过，而不会宽容别人的人，是不配受到别人的宽容的。"的确，宽容从来就不是一个人的事情，邻里和睦需要彼此宽容，夫妻相濡以沫地相守离不开宽容，同事关系融洽需要彼此宽容。人与人之间只有互相宽容，这个世界才能变得更加和谐和美好。

许婷是一名职场新人，由于是刚参加工作，做什么事都谨小慎微，生怕出错，尽管每天都小心翼翼，但是因为秘书工作太过琐碎繁忙了，她在打印一份重要文件时还是出现了纰漏。那可是部门经理在产品发布会上要用到的发言稿啊，如果中间环节出现了什么问题，公司的营销活动搞砸了不说，部门经理也会受到牵连，搞不好会受到降职或降薪处理。

当许婷把情况告诉部门经理梁娜的时候，梁娜急了，她不由地想：这个女孩子怎么这么不省心呢？自己不是已经手把手教了她好几遍怎么打印文件了吗？她怎么到现在还没学会正确操作打印机呢？打印的文件布满肮脏的墨点不说，字迹还模糊不清，这让人怎么看啊。一想到这次失误可能引发的可怕后果，梁娜便按捺不住了，正当她想要发作时，许婷开口了，她羞愧地说："我犯了一个大错误，很抱歉给您造成了麻烦和困扰。我知道现在说什么都没用了，这件事我会主动向老板说清楚的，事后就会引咎辞职。"

梁娜看着许婷，不禁回想起了自己刚步入职场时的青涩模样，那时的她也常常在手忙脚乱时犯错，有时还害得同事跟自己一起被批评，不过没有哪个同事怨恨过她，大家都对她非常宽容，她之所以能有今天的成就，和大家的谅解、提携是分不开的。想到这里，梁娜的心情平静下来，她不但没有严厉训斥许婷，反而和蔼地说："新人哪有不犯错的，吃一堑长一智嘛，以后不犯类似的错误就行了。现在再打印稿子时间已经来不及了，好在我对稿子的内容还有点印象，在发布会上我尽量凭记忆宣讲产品好了。我知道你不是故意的，所以也不会责怪你，你别再那么沮丧了，时间紧迫，我们现在就去会场吧。"

在发布会上，梁娜凭借记忆和过人的口才，赢得了会场上所有人的喝彩。事后，她没有为难许婷，甚至再也没有提过这件事。许婷十分感动，从此更加卖力地协助她工作，成为了她手下最得力的助手。

电影《辛德勒的名单》中有这样一句经典台词："什么是权力？一个人犯了罪，法官依法判他死刑。这不叫权力，这叫正义。而一个人同样犯了罪，皇帝可判他死刑，也可以不判他死，于是赦免了他，这就叫权力！"在别人做了错事时，你有权追责他的过失，也有权赦免他，原谅他所做的一切，在大多数情况下，用宽容代替惩罚能让你收获更多。在人际交往中，如果我们能学会原谅，学会宽容，那么必将换来更多的友谊和信任。莎士比亚说："宽容就像天上的细雨滋润着大地，它赐福于宽容的人，也赐福于被宽容的人。"是的，当我们对别人采取宽容的态度时，自己的心灵也获得了宁静与自由。是宽容舒展了我们生命的格局，让我们领略到了世界的辽阔和博大之美，使我们在遭遇挫折和伤害时，依然能坚信人性的温暖和美好，所以从某种意义上说，拥有一颗宽容的心，就等于拥有一切。


## 克服心中的恐惧，实现自我突破


刘女士今年已经 31 岁了，她带着阔边眼镜，身材微微有些发福，一身职业装显得干练整洁。表面上看去她的形象很符合人们对白领的想象，可她本人从来就没把自己当成白领，而是把自己看成了在困境中挣扎的人。毕业以后她就到了一家中小型企业，过起了不温不火的生活，每天的工作无外乎整理文件、打印资料、协助主管做一些琐碎的杂务之类的，工作内容千篇一律。渐渐地，她感到厌倦了，整日打不起精神，每天刚上班就盼望着下班，无时无刻不想逃离办公室。

周末在街上看到神采飞扬、一身青春装束的年轻人，刘女士总不免感慨一番，她觉得自己已经老了，各方面都不能和年轻人比了。年轻人敢闯荡能折腾，她却不能，因为已经过了那样的年纪，现在的她唯一追求的就是安全感，毫无疑问她已经习惯了每天朝九晚五的生活，尽管这种中规中矩的生活从来都不是她想要的。

刘女士也想过换一份更有挑战性的工作，开启全新的生活，但是一想到自己有可能脱离熟悉的一切，重新到另外一个陌生的环境里学习新东西，她便感到极为不安。她是个自尊心极强的人，非常害怕在人前丢脸，心想：我都到了这个年纪了，如果在学习能力上赶不上年轻的后辈，那多丢人啊。学习新东西需要慢慢积累，不可能在短时间内学会，期间难免要受到别人的质疑，搞不好我的上司年龄比我还小，我要是在他（她）手底下做事，时而还要挨批评，多没面子啊。每次想到这个问题，刘女士便分外焦虑，所以她一直没有鼓起勇气脱离死气沉沉的生活，每天都过得万分纠结。

现实生活中，像刘女士一样纠结的职场人士比比皆是。他们不甘心永远在原地踏步，可是想要找到更好的平台，就必须与年轻后生同台竞技，甚至要参加同样的培训，学习同样的技术。由于年龄偏大，在年轻一代里显得格外扎眼，他们会分外敏感，不但担心受到后辈的嘲笑，还非常害怕自己技不如人，当众丢脸。很多人在和年轻一代竞争时都感到信心不足。

其实相较于懵懂青涩的职场菜鸟，职场老鸟工作经验比较丰富，但"经验"并不等同于"资历"，想要把"经验"转化为"资历"，必须经过一段时间的耐心修炼。我们常看到用人单位在招聘人才时，大多对工作年限有所要求，但是在绩效考核阶段看重的并不是工作年限而是能力与资历。

有些职场老鸟虽然工作多年，但是从事的都是缺少技术含金量的基础性工作，在接受其他方面工作时，他们像职场新人一样，一切都得从零开始，在可塑性上他们远不如新人，所以对于这类人，用人单位普遍不会把他们当作资深人士看待，即便他们已经积累了八年或十年以上的经验。所以这类职场老鸟的处境是非常尴尬的。那么面对这样的人生格局，职场老鸟还有没有翻盘的可能呢？

答案是肯定的，但前提是他们必须敢于丢脸，不过分在乎别人对自己的看法，无论别人说什么，怎样看待自己，都淡然处之，不予计较。要知道对于前有职业天花板，后有后起之秀的职场老鸟来说，自己如果再不勇敢奋起，性价比便会一天天缩水，早晚会被更有朝气和活力的新一代取代。当今时代，科技发展一日千里，产业调整更迭速度很快，接受新事物较强的年轻人在知识和经验上尚不能和时代无缝对接，对于已经过了黄金年龄段的职场老鸟来说，不肯奋起直追，就意味着被时代无情地淘汰。在残酷的现实面前，脸面又算得了什么呢？今天不肯放低姿态和身段，谦卑地学习，明天就有可能彻底出局，成为最丢脸的输家。

在竞争日益激烈的职场上，没有赶上职业第一春的人其实非常多，迫于现实的压力，很多人选择了先就业后择业，却没想到自己会被那么快定型，以致数年以后想要摆脱"杂工"的角色必须要付出巨大的努力。在这种情形下，若要挣脱现实的枷锁，首先要有心胸容纳一切的不适和不安，最重要的是要克服心中的恐惧，敢于在众人面前丢脸，无论是暂时输给年轻的后辈，还是在遇到棘手的问题时敢于"不耻下问"，向经验不如自己、能力却在自己之上的后生请教，都属于一种了不起的突破，只要有了良好的开端，就有希望迎来职业的第二个春天。

# 努力打好人生这张牌

人生如同一场游戏，有的人生来就抓到一手好牌，所以他所玩的都是低级游戏，不需要付出多少努力便能轻轻松松过关，含着金汤勺就能无忧无虑、锦衣玉食地过一辈子，可是这样的人毕竟是少数，多数人都是好牌和烂牌参半，还有的人满手都是烂牌，那么这是否就意味着出身决定命运，人生再也没有什么指望了呢？当然不是的。

其实牌好牌坏并没有那么重要，依靠牌技和智慧，就算抓到一手烂牌，也能成为笑到最后的赢家。打好一手好牌并没有什么了不起，因为那是运气使然，把一手好牌打烂是败家子才能做出的荒唐之举，能打好一手烂牌的人才最让人佩服，因为他所拥有的一切不是上天赐予的，而是自己努力争取来的。那个过程即使没有那么惊心动魄，也足以令所有人动容，期间有过的酸甜苦辣以及所有的磨难，都堪称是一笔宝贵的财富，它让人生多了一份厚重的沉淀，也让生活多了一份斑斓的色彩，所以不要计较牌好、牌坏，也不要计较自己的出身，而要努力打好人生这张牌，打出自己的王牌，即便你是一朵毫不起眼的野百合，也一样能迎来属于自己的春天。

崔瑕出身于贫苦的工人家庭，由于企业改制，父亲下岗了，全家就靠母亲一个人独立支撑。为了减轻家庭负担，她上大学时一直半工半读。到了周末，同寝的同学全都窝在宿舍里看小说看韩剧，她呢，一大清早就起来了，步行半个小时到学校附近的超市做起了促销，忙到晚上九点才回校休息。当那些家境优越的同学爬山逛街，玩得不亦乐乎的时候，她正拿着一沓传单在居民楼里爬上爬下，最高纪录是一天之内爬 5000 个台阶。

毕业那年，有的同学出国留学了，有的同学开始在家族企业里练手，崔瑕则每天挤着公交或地铁风尘仆仆地辗转于各大人才市场。因为疲于奔命，她没有时间打理一头秀发，干脆把头发剪短，起风时她的短发被吹得蓬乱不堪，从背影判断，几乎看不出她是个女孩子。同学对她的最后印象，就是那个凌乱而艰辛的瘦小背影。然而崔瑕却从来没有对生活丧失信心，她也从不怨天尤人，她想自己有手有脑子，又不比别人缺少什么，自食其力又有何难呢？

几个月后，崔瑕进了一个只有五个人的小公司，一个人做三个人的工作，整天忙得不可开交，身心疲累的时候她常对别人说："遇到困难的时候，根本没有必要多想。困难就好比大山，抬头仰视会让人窒息，如果整天想着人生有多难，早晚会感到泄气和绝望。如果眼前这座山确实非爬不可，先不要目测它有多高，只要心平气和地往上爬就可以了。我以前发传单的时候，如果脑海里总想着自己一天要爬 5000 个台阶，恐怕早就被困难吓倒了。"

崔瑕把自己的体验和心得分享给许多跟自己境遇相同的人，那些整日唉声叹气的大学毕业生听了她的话，也都振作了起来。后来崔瑕跳槽进入了一家玩具公司，一边努力工作一边悉心学习，不管多累她都要腾出时间读几十页书，还经常向同事讨教取经。两年之后，她晋升到了中层。又过了两年，她一手创办了自己的公司，成为了当地小有名气的企业家。如今她回想自己过去受过的苦，曾经承受的种种磨难和压力，感到无比欣慰，她为自己感到自豪，虽然她抓到了一手烂牌，然而却漂漂亮亮地打完了全场，赢得了人生的大满贯。

不可否认的是，世界上的资源从来就没有被公平平均地分配过，这就好比富庶的地方长年温暖湿润、降水充足，而贫瘠的地方长年干旱少雨，除了烈日、狂沙，就是一片荒凉，这是自然界最真实的状态，其实人类社会也是如此，所谓的优化配置不过都是人为干预的结果，因此不要向这个世界索要公平，也不要祈求命运多给自己填几张好牌，因为那样的愿望是不现实的。

比尔·盖茨曾经说过："这个世界是不公平的，学会适应它吧。"伏尔泰虽然强调自由和平等，但是他也承认人无时无刻不被束缚在生命的枷锁中。想要打破生命的枷锁，就不能继续浪费时间质疑命运、质疑人生，而要把更多的精力投放到改变命运的努力之中，只有这样你才能在抓到一手烂牌的情况下，为自己打下一片灿烂的天地。

## 别让"琐事""揉碎"你的人生

《鸿门宴》中樊哙说："大行不顾细谨，大礼不辞小让。"刘邦听了他的建议，避开了杀身之祸，战胜了西楚霸王项羽，成为了大汉的开国皇帝。由此可见，成大事者不必计较小节，而要从大局着眼，把眼光放得远一些，这样才不至于被一些琐碎的事务或者细枝末节牵绊住，才能集中精力办大事做大事业。可是老子却说："天下大事，必作于细。"很多人也都相信细节决定成败，那么小节、细节、大事之间究竟该怎么取舍平衡才是正确的呢？

我们不否认，无论做任何工作，细节都是不容忽视的，譬如一枚螺丝钉没加工好或者其他的小部件出了问题，很有可能引起一部机器整体报废。但是细节和小节是两个概念，细节是工作中不可或缺的组成部分，小节则是指对整体工作影响不大的细枝末节或者毫无意义的生活琐事，两者不能混淆和等同。所谓成大事者不拘小节，并不是让我们放弃对细节上的精益求精，而是让我们把不重要的事情忽略掉，将全部精力都聚焦到自己的事业上。牛顿是一个不拘小节的人，在钻研经典力学的时候，他由于过于专心致志，竟把手表误当成鸡蛋放到锅里煮了。爱因斯坦同样是一个豪放洒脱、不拘小节的人，他不修边幅、每天头顶一头乱发，然而却提出了震惊整个科学界的相对论，试想如果他每天都要花费好几个小时打扮自己，整天琢磨自己的哪根头发被风吹乱了，又怎么可能成为世界上最伟大的物理学家和最受瞩目的科学巨匠呢？

古今中外，任何一个成大事者几乎都不关心鸡毛蒜皮的琐事，他们最大的优点就是善于把握大局，在复杂多变的环境中，能够把握好自己的人生航向，从来不会把自己宝贵的精力浪费在不值一提的小节上。他们相信只要抓住事物的主要矛盾，考虑问题时一切从大局出发，将心血和精力投放到宏伟的事业上，就能最大限度地实现自己的人生价值。这是成功者的思维，也是普通人制胜的法宝，我们若是能参悟其中的奥秘，人生也将从此大不一样。

有一位成功的商人，不仅没有学历，而且没有资历，原本就是一个普通的瓜农。开始时，他只是一个老实巴交的农夫，一连种了好几年瓜，后来发现卖瓜比种瓜更赚钱，于是便弃农经商，做起了贩瓜的买卖。第一次做生意，他以每公斤一元的价格购进了 1000 公斤的西瓜，以市场价格每公斤两元的价格卖出，也就是说做一次买卖可以赚 1000 元。他从不跟顾客讨价还价，无论顾客说什么都不肯让步。由于天气热，西瓜卖得很快，没过多久 500 公斤的西瓜就都卖出去了，他很快收回了成本。

到了中午，车里还剩一半西瓜，他不再坚守每公斤两元钱的底价，价格根据行情灵活调整，如果瓜市行情看好，他就继续维持原价，如果两元钱的价格卖不动了，他就松口降价。到了傍晚，买瓜的顾客已经不多了，大多数商贩也收摊了，为了卖出更多的西瓜，他不得不继续调价。多数瓜贩认为西瓜的价格降到每公斤一元就是底线了，价格再往下降就会赔本。但这位瓜农不这样算，他想反正已经卖够了本钱，以后就算多卖一元钱也是赚钱的，所以每公斤一元的价格绝不是价格极限，在他看来每公斤卖八角钱还是五角钱都可以，反正都是赚，价格调低也许还能薄利多销呢。

这个瓜农没有多少文化，对营销学和经济学一窍不通，但是做生意时他向来喜欢算大账不喜欢算小账，他关注的是总成本和总利润，而不是单价，正因为他总是从大局着眼，做事不拘小节，所以赚得的利润总是比别人多。此后他无论做什么生意都赚得盆满钵满，后来成为了当地小有名气的企业家。

现在在商海中叱咤风云的企业家，文化程度越来越高，但仔细观察你会发现，这些杰出的商业领袖和那位瓜农有一个共同之处，那就是他们都善于从大局考虑问题，对琐事从不计较，由此可见，要想做大事，就不能拘泥于琐碎的小事，太关注无关痛痒的小事，大好的人生就会被琐事揉碎，只有把时间和精力集中到最紧要的地方，才能做出一番大事业。

# 第七章

## 斤斤计较者难当大任

卡耐基曾经说过："有两种人绝对不会成功：一种是除非别人要他做，否则绝不会主动承担责任的人；另一种则是别人即使让他做，他也做不好的人。而那些不需要别人催促，就会主动负责做事的人，如果不半途而废，他们将会成功。"

是的，每个人在社会上都扮演着不同的角色，承担着不同的责任，斤斤计较者难当大任，只有勇于担责、乐于担责，不计较、不推诿，我们才能把自己的角色演绎到极致。拥有高度责任感和使命感的人无须他人吩咐，就会把自己分内的事做好，在必要的时候对分外的事也乐于效劳，不计较自己比别人多付出了多少，对工作兢兢业业、精益求精，不讲苦劳，只讲功劳，无论对大事小事从不采取敷衍应付的态度，而是力求把每个细节做到做好，能主动迎接工作中的各种挑战。这样的人往往更容易获得成功。

# 做不好士兵的人永远当不了将军

俗话说:"不想当将军的士兵不是好士兵。"但是任何一个将军都是从士兵做起的,基层的历练是一个不可或缺的过程,没有经过这个过程的将军只懂得纸上谈兵,是不可能打胜仗的。在成为一名统领千军万马的将军之前,我们必须要做一名好士兵,因为不想做好士兵的士兵是没有希望成为一名将军的。

大部分有志之士和有识青年都渴望成为真正的主角,不甘心当一名普普通通的员工,希望有朝一日能成为经理、总裁或是大老板。这种想法本来是无可厚非的。有理想有抱负的人当然都希望能担当大任。但是需要注意的是,你肩上的重担一定要与自己的能力和实力相匹配,否则就会被压弯脊梁。从配角晋升到主角是要有一个过程的,羽翼未丰之前一定要设法增强自己的实力,而不是整日幻想着承担超出自己能力范围的重任。

身处职场,虽然我们扮演的是士卒的角色,但是我们依旧要像将帅那样有担当有责任感。孟子说:"君子有终身之忧。"强调的是一种担当;范仲淹倡导的"先天下之忧而忧,后天下之乐而乐",体现的也是一种担当;杜甫发出"安得广厦千万间,大庇天下寒士俱欢颜"的呼声,也属于一种担当。他们的担当反映的不仅仅是一种家国情怀,更是一种做人的态度。现在的我们也许只是一个平凡的工作者,未来可能成长成将帅,也可能依旧平凡,无论我们处在哪个位置上,扮演着哪一种角色,都不能忘记自己的使命,一定要做好自己的本职工作,如此我们才能称得上是一个合格的社会人。

　　李师傅是一家工业企业的班车司机，每天的工作任务就是接送员工上下班。每天天刚蒙蒙亮，他就早早起来了，一路开着大巴车接送员工上班，暮色四合时，他又要开车把所有的员工安全送回家。一年四季，他风雨无阻，无论严寒酷暑，始终坚守在这个平凡的岗位上，除了公司休假以外，他几乎没有休过假。为了让员工能有一个舒适整洁的环境，他每天都会将车厢打扫得干干净净。为了提高出行安全，他会定期给车辆进行全面的检查和维护。

　　李师傅觉得员工们每天朝九晚五工作八小时很辛苦，所以在开车时尽量把车开得平稳些，不让员工感到颠簸和劳累。员工对他的服务普遍很满意，公司领导也很欣赏他的工作态度。然而李师傅的志向却不是做一辈子的司机，刚刚三十出头的他一直在积攒着力量，为未来的出人头地做准备。但在时机成熟以前，他只想把眼前的工作做好，只要他在岗一天，就会准时、及时、平安地把员工送到工厂或者家里。

　　业余时间，李师傅在默默自学英语，他把词典背得滚瓜烂熟，又买来了磁带练习听力，英语水平日益提高。随后他不但能用英语与别人进行流利的对话，还掌握了简单的商务英语。因为他供职的企业属于进出口公司，比较需要英语口语好的人才，他想只要自己学好了英语，终有一天能找到用武之地。他的想法很快就得到了证实。有一天老板的私人司机因事请假了，接送外国合作方的工作就落在了他的肩上，他开着私家轿车把外宾接到了会议室，双方刚打算洽谈业务，翻译却打电话说路上堵车，恐怕要晚点到场。

　　老板一听非常生气，但当着外国合作方的面不好发作，于是便对李师傅说："听说你的英语功底也不错，不如你试着翻译吧。"李师傅同意了。李师傅一口漂亮的英语口语派上了用场，双方交谈得十分顺畅，很快就落实了合作的相关事宜。事后，老板辞退了原来的翻译，李师傅成了新任的商务谈判代表兼翻译。

前任翻译很不服气，找老板理论，并不怀好意地说："我至少有一年工作经验了，他不过是个司机，您怎么能让他取代我呢？"老板说："他的英语水平一点都不比你差，最重要的是比你有责任感。他做司机的时候踏踏实实，绝对称得上是一个一流的好司机，我相信这份工作他也能做好。你呢，根本不把这份工作放在眼里，平时就总是迟到早退，关键时刻又总不能及时赶到现场，像你这样没有责任感的人，无论在哪家公司都不会受到重用和赏识的。"前任翻译被驳斥得哑口无言，只好灰溜溜地离开了。李师傅果然没有辜负老板的期望，业务越来越纯熟，后来成为了公司里最受器重的骨干级员工。

　　美国总统林肯曾经说过："每一个人应该有这样的信心：人所能负的责任，我必能负；人所不能负的责任，我亦能负。如此，你才能磨炼自己，求得更高的知识而进入更高的境界。"不要把工作仅仅看成是一份不得不做的差事，也不要计较职务的高低，一旦你走上了工作岗位，就要敢于担当，背负起应负的责任，如此你才能在日后挑起重担，成为自己想要成为的人。林肯在入主白宫以前就有肩负大任的决心，但是他并不好高骛远，而是对每一份工作都怀有极高的热情和高度的责任感，所以他才成为了一名出色的律师。律师工作锻炼了他的口才和思辨能力，为他日后参加总统竞选奠定了坚实的基础。

　　我国读书人自古就有修身、齐家、治国、平天下的担当意识，可是没有哪个有崇高追求的人一心想着治国平天下，对修身、齐家不屑一顾。正所谓"一屋不扫，何以扫天下"，如果我们连基础岗位上的本职工作都不能做好，谁又放心把更重的担子放在我们的肩上呢？可见，无论是当主角还是当配角，无论是当将军还是当士兵，缺乏责任意识、没有担当精神一定是不行的。

# 你可以不优秀，但不可以没有责任心

细心留意不难发现，现在各大企业在招纳贤才时，都有一项重要标准，那就是要求应聘者必须要有高度的责任心。可见，责任心已经成为考察高端人才综合素质的一个重要指标。"责任"二字是人们再熟悉不过的字眼儿，然而真正知道它分量的人并不多见。责任没有重量，但却比泰山还重；责任没有色彩形状，却能勾勒出一个人的精神风貌，且能折射出一名工作者最起码的职业操守和道德品质。一个有责任感的人无论进入哪一行业，从事何种工作，都一定是勤勉负责、忠于职守的，这样的人才能精益求精，把工作做到极致，因此企业纳贤把责任感当成重要考核标准就不足为怪了。

大部分企业都想找到既有潜质又有责任感的人才，但在两者不可兼得的情况下，企业更愿意重用潜质一般但责任感较强的人才，而不是极富潜质但却没有一点责任感的人。一个人身上即使埋藏着金子般的潜质，如果没有那种高度负责的精神，那么这样的潜质即使被挖掘出来，也不能为企业和社会所用，充其量只能成为一种利己的工具罢了。具有高度责任感的人，即使潜质略差一些，经过企业系统的培训和悉心的培养，一样能成为可用之才。

有一句格言说得好："如果你存在，那么就不要让自己可有可无地存在着。"我们在工作岗位上存在一天，就必须要"在其位、谋其政、做其事、尽其责"，勇于担起自己的责任，不要计较分内的事还是分外的事。譬如一名医生，分内之事无非是为病人提供诊断、开药、治疗等医疗服务，给予病人情绪疏导和人性关怀则是分外的事，普通医生只想做好分内的事，觉得分外的事并非是自己的职责所在，但一流的医生一定不会这样想，他会把分外之事做得像分内之事一样好。其他工作也是一样，我们不能把分内之事和分外之事划分得太过清楚，而要充分考虑到企业和社会的需要，只有这样，我们才能把自己的工作干好。

小王是一家网络公司的技术员，主要负责网站建设工作，有一次他先后提交了三份网站建设的方案都没有通过，客户始终对他的构想感到不满意。客户提出了许多要求，一次又一次地让他修改，小王感到不耐烦了，就打算放弃这笔业务。他把这个想法告诉了经理。经理问："你跟客户认真交流过吗？"小王摇摇头说："一直以来都是业务部门负责跟客户沟通的，我是技术部的，听到的都是业务部的反馈信息，没有跟客户直接交流过。"

经理说："既然客户提出了这么多修改意见，我想你还是当面和对方交流一下比较好，这样你就能更直接地了解客户的需求，免得改来改去做无用功。"小王不高兴地说："跟客户沟通是业务员做的事情，不是我的职责所在，我不想去见客户。"经理对小王的工作态度很不满，但是没有马上发作，而是耐着性子继续问："你对该企业的平台需求做过调研吗？"小王说："做调研是策划部的事情，他们现在在忙别的项目，抽不出时间调研。我觉得宣传型网站只要有一个框架就行了，用不着搞什么调研。"

经理听到小王的回答后，忍不住发火了："你这是什么态度？建设网站不调研，跟客户根本就没有交流过，随随便便做出几套方案就交给客户，哪位客户能接受？"小王反驳说："那些工作根本就不在我的职责范围之内，是业务部和策划部没把工作做好，怎么能怪我呢？"经理生气地说："把网站建设好终归是你的责任吧，现在你没把这件事做好，难道不是你失职吗？"小王听了这话，立刻哑口无言了。

无论你是在一线工作，还是身担大任，面对职责较差或职责模糊的情况时，千万不要推诿搪塞或置身事外，而要勇于挑起重担，把企业的事当成自己的事，这样才能成为企业信赖和重用的好员工，才能在公司获得更大的发展。

我们既要对公司负责，也要对社会负责，需要注意的是决不能为了个人利益和公司利益而损害社会公众的利益，而要致力于为公司服务的同时造福社会，这才是有担当有责任感的表现。日本顶级家具品牌的创始人秋山利辉认为，对于一流的匠人而言，人品永远比技术重要，他培养的人才绝不是为自己服务的，而是为世界各地的客户服务的，正是凭借着这种高度负责的精神，他门下的弟子才造出了一流水准的家具，成为了业界最受青睐的高端人才。我们要想成为某个行业的佼佼者，就必须舒展自己的生命格局，让自己面向更广阔的世界，使自己摆脱狭隘的意识，成为社会和时代所需的高素质人才。

## 把"多做一点"当成机会而不是负担

许多明星级的推销员在总结成功经验时都会说："我并没有什么了不起的销售技巧，只是每天比别人多拜访了五个客户罢了。"一些在赛场上表现抢眼的足球运球员在总结成功经验时也总是说："我并不是生来就天赋过人，之所以比别人表现得更好，主要是因为每天坚持多练了一点点罢了。"多么简单的理论，每天坚持比别人多付出一点，就能收获事业的成功。

每天多付出一点究竟意味着什么呢？意味着由量变到质变的过程，只要你对自己的人生负责，对自己所从事的事业负责，每天付出一点就意味着每天迈上一个新的阶梯，日积月累，你所能达到的高度就会超越于众人之上。聪明人通常会把"每天多做一点"当成机会而不是负担，而愚蠢的人总想着偷工减料，为了每天少做一点费尽心机，结局是可想而知的，"每天多做一点的人"会获得意外的报偿，而投机取巧的人是不会有任何收获的。

在同领域同层级的范围内，人与人在智力和能力上的差距其实是很小的，你只有比别人多出一份力，多尽一份责，比别人做得更出色，才有可能从众多的竞争者中脱颖而出。如果不是你的本职工作，老板委托你做了，那么这就是机会。同事、上司、老板、顾客遇到难题时，第一个想到你，那么你得到的就是一次宝贵的机会。如果不在你职责范围内的事情，你主动去做了，那么这就意味着你自己创造了机会。每天多做一点，虽然不能让你马上获得金钱或利益上的报偿，但你获得的往往要比预想的更多。

艾伦是一名普通的职员，他的老板是杜兰特先生。刚入职不久他就发现，每天下班以后，所有的职员都离开了，只有杜兰特先生一个人继续留在办公室里工作。杜兰特从不要求任何员工加班，但艾伦却默默地留在办公室里，准备随时为杜兰特提供必要的帮助。以前杜兰特需要自己翻找文件和打印资料，现在他不再亲自去做了，而是随时吩咐艾伦做这些事情。

艾伦总是待在离杜兰特最近的位置，只要听到召唤，就马上帮忙找东西或打印东西。虽然杜兰特没有为他额外的服务而给他加薪，但是艾伦的收获要比有限的薪水多得多。他给杜兰特留下了勤勉负责的好印象，并深得杜兰特信赖，这些因素为他日后的晋升起到了决定性的作用。

半年以后，杜兰特已经不把艾伦当成随意使唤的低级职员了，而是把他看成了公司里重要的一员，不但经常和他探讨公司事务，还不止一次地向他征求意见。由于经常和老板分享公司的重要信息，艾伦的眼界越来越宽，人也变得越来越睿智了。一年以后，他荣升到了部门经理的位置，薪水翻了好几倍。

有一天杜兰特由于想看球赛没有加班，艾伦也提前离开了办公室，当他刚刚锁好公司大门时，公司的合作方急匆匆地赶了过来，声称他需要一位速记员来帮忙，手头的工作必须在当天完成。艾伦说公司的速记员已经下班回家了，他们现在可能都在家里观看一场重要的球赛。那人很着急，艾伦表示自己愿意留下来为他提供帮助："以前我也做过速记工作，我想我能保证你手头的工作在今天完成。"

艾伦没有食言，很快就把对方需要的东西打出来了。合作方感激地握着他的手，问他应该支付多少报酬。艾伦开玩笑说："如果是其他日子我替你工作是不会收取任何费用的，但是今天我错过了一场精彩的球赛，就收你1000美元吧。"对方爽快地写了一张1000美元的支票交给艾伦，艾伦不肯收，他说这只不过是一个玩笑。对方一把把支票塞到艾伦手里，然后头也不回地走了。第二天还亲自给公司老板杜兰特打了一个电话，感谢艾伦及时为自己提供了帮助。艾伦没想到他不计报酬的付出居然为自己换来了那么多收获，回想自己从一名基层员工晋升到管理层的经历，他更是深有感触，是呀，正是因为他付出得比别人多，所以得到的也比别人多。

也许你的付出和投入不会立即换来相应的回报，但并不意味着所有的付出都是没有价值的，只要你肯每天多付出一点点，超值回报终有一天会以某种出人意料的方式出现。

# 要敢于为自己的错误"埋单"

戴维和约翰在同一家快递公司工作，长期以来两人合作默契，堪称是一对好搭档。老板决定从他们当中选择一人提拔为客户部经理，因为两人工作能力不分伯仲，所以一直很为难，直到发生了一件事，老板心中才有了答案。

一天，老板派戴维和约翰把一件名贵的古董运送到码头，两人出发前，一再嘱咐他们路上一定要小心，千万不能让这件价值连城的货物有什么闪失。戴维和约翰小心翼翼地把装着珍贵古董的邮件搬运到了货车上，随后驱车上路，不料车在半路上抛锚了。戴维抱怨约翰事前没有对车辆进行检查，苦恼地说："如果我们不能按时把货物送到，奖金就泡汤了。"约翰表示自己力气大，可以把货物背到码头，戴维同意了。

约翰一路疾走，终于在规定的时间内赶到了码头。戴维说："把东西交给我吧，你去叫货主。"他想如果客户看到他背着货物，一定会对他大加赞赏，假如把这件事情告诉了老板，也许他还能得到加薪的奖励呢。他一心算计时，约翰将邮件交给他时，他分心了，没有接住邮包，古董掉在地上摔得粉碎。

戴维慌了，把责任全部推到了约翰身上，用责备的语气大喊道："你是怎么搞的，我还没伸手接你就放手了。"约翰说："我看到你伸手了，才把东西递过去，是你自己没接住。"两人都知道，接下来他们要面对的是什么。如果货主追究下来，他们不但会失去糊口的工作，还将背负一笔巨额债务。事已至此，再也没有挽回的余地了。戴维首先想到的是撇清责任，于是偷偷找到老板说："古董是约翰不小心摔碎的，这件事情与我无关。"老板听后平静地说："我知道了。"

随后，老板又向约翰询问了事情的经过，约翰把事情的原委原原本本地向老板讲述了一遍，然后说："这件事确实是我们失职，我愿意为此承担全部责任。戴维家境不好，没有条件补偿公司和客户的损失，所以这笔损失就由我来弥补吧。"老板想了想，把戴维也叫进了办公室，对两人说："你们的表现一直很不错，所以公司想提拔其中的一个担任客户经理，没想到如今会发生这样的事情，不过没关系，通过这件事情我更清楚谁是合适的人选了。"

戴维心中窃喜，以为客户经理一职非自己莫属了，谁知老板却说："公司决定让约翰担任客户部经理，因为只有勇于承担责任的人才能当此大任。约翰，欠客户的钱以后你可以慢慢还。戴维你应该偿还的欠款自己想办法吧，明天不用再来公司上班了。"戴维当场怔住了："老板，为什么？"老板说："你们在码头递接古董时，货主目睹了那一幕，他把实情都告诉我了。"

常言说："智者千虑，必有一失。"不管多么聪明的人，在做事情和考虑问题时，也偶有出错的时候。犯了错误就要承担相应的责任，因为除无民事行为能力和限民事行为能力的人以外，每个人都应该为自己的行为负责，可是在现实生活中，并不是所有人都用勇气为自己的错误埋单。

面对错误通常有两种反映，一种就是像戴维那样为了逃避惩罚而推卸责任，让别人当自己的替罪羊，一种就是像约翰那样勇于担责，不推诿不狡辩，坦率地承认自己的错误，并竭力弥补过失。前者令人厌恶，一旦事情败露，就会自食苦果，后者让人肃然起敬，一般会成为企业重点培养的对象。

在责任模糊不清的情况下，主动担责体现的乃是一种大将风范，所以这样做的人才会被当作将才来看待。约翰正是这样一种人，虽然失手打碎古董的人是戴维，但是他觉得自己身上也有不可推卸的责任，这是因为把古董平安地运送到码头是两个人共同的责任，古董碎了，说明是他们失职，错不在戴维一个人身上。然而在现实生活中很少有人从这个角度来考虑问题，自己犯了错误，证据确凿时尚且要辩解，在和别人分工协作中出现了问题，第一反应当然是把责任推给搭档了。这就是平庸者永远平庸的根本原因。

如果把企业比作一部庞大的机器的话，那么公司的每位工作者都是其中的一环，在机器长期运转的情况下，每个环节都有可能出现问题，因为它是由不完美的人构成，人人皆有可能犯错。犯了错误并不可怕，可怕的是不敢承认自己的错误，没完没了地重蹈覆辙。只有认清错误，弄清分工合作中出现的问题，才能从根本上解决问题，让企业更快更好地运转。作为其中的一环，我们不能只关注自己的工作，而要默契配合别人，力求和其他环节完美对接，如果期间出现了问题，我们每个人都难辞其咎，不要计较自己是不是多承担了一些，别人是不是少承担了一些。只有认清了这一问题，我们才能成为一个勇于担当的人，才能成为一个对企业、对客户、对社会高度负责的人。

# 用手只能把事情做对，用心才能把事情做好

面对同样一份工作，有的人只是勉强完成，有的人加进了自己的创意和想法，而有的人却把它做到了极致。三者之间的区别在哪里呢？第一种人是在用手工作，第二种人是在用脑工作，而第三种人则是在用心工作。这就是平庸者、优秀者和卓越者的区别。任何一个卓有成就的人，面对工作时不可能敷衍了事，他们会用心做好每一件事，力求达到最佳效果，使一切看起来无懈可击，这才是他们由平凡走向卓越的原因。

想要超越平庸我们必须改换轻率的心态，要以艺术家的态度和匠人高度负责的精神对待每一项工作，无论我们的工作有多么乏味，多么平凡，我们都要以饱满的热情、昂扬的精神状态，专心致志地处理好每一个环节，像雕琢艺术品一样雕琢手头的工作，唯有如此，我们才能把工作做到极致，成为不可多得的稀缺人才。

其实劳动本身就是一种创造性的活动，世界上所有伟大的建筑、神奇的发明、光辉灿烂的艺术和了不起的科学成就都是劳动创造的结晶。泰姬陵美轮美奂乃是出自万千工匠之手，改变人类文明进程的工业革命是由普通工人发起的，所以我们不要轻视平凡的劳动，怀着崇高的责任感，用心做好每一件事，我们也能成为奇迹。用心工作，不把工作当成苦役，将它视为一种享受，才能在平凡的岗位上做出不平凡的成绩，才能超越平庸，摆脱平凡，成为缔造奇迹的人。

有一位手巧的老人坐在大树下，一丝不苟地编织着精美的草帽，他编完了一项又一项，将做好的草帽一字排开，以供游人随意挑选。

草帽造型别致，色彩搭配和谐自然，吸引了不少游客前来购买。

有一个精明的商人看到了这个场景，心想：这么漂亮的草帽如果能销往美国，一定能卖上一个好价钱，我必须跟那个老人谈谈。于是他便走到老人面前问："请问一顶草帽卖多少钱呀？"老人抬眼看了看他，随后答道："十元。"说完，继续摆弄手里的草帽，就像是在小心翼翼地加工艺术品一样，脸上的神情专注而陶醉。没有人会认为他是在从事什么艰苦的工作，尽管他年事已高，天气热得出奇，编织草帽又是件费神费力的事，他那愉快的表情足以说明他并不以此为苦反而以此为乐。

商人一听草帽的价格如此便宜，顿时激动万分：如果我能从这儿购进一万顶草帽卖到美国的话，一定会发大财的。想到这里，他欣喜万分，于是就用愉快的口吻问老人："我如果在你这里定做一万顶草帽，你每顶卖我多少钱呀，能给我多少优惠？"他本以为老人会因为接到大买卖高兴不已，没想到老人却苦着脸说："20元一顶。"商人不解地嚷道："为什么？你刚才还说十元一顶。"老人解释说："本来在大树下编织草帽，对我来说完全是种享受，可是要编一万顶草帽就不一样了，我需要夜以继日地工作，身体操劳，精神疲惫，难道你不该多付些钱吗？"

这则故事告诉我们，如果我们真心热爱自己的工作，就会不计回报地忘情投入，用创作的态度将情感和智慧投入其中，将平凡的工作当作精巧的作品来雕琢，促成一部部杰作诞生。倘若我们只是为了金钱被迫从事某项工作，那么就会把工作视为沉重的负担，因为从中找不到任何乐趣，只能不情愿地被动完成任务。由此可见，我们只有发自内心地喜欢上自己的工作，充分肯定它的价值和意义，才能用心把它做到最好。否则只是机械式地用手工作而已，既不爱动脑，又不肯用心，能力再大，充其量只能把事情做对而已，是不可能把事情做到极致的。

# 工作没有"及格线"，永远要做得比要求的更好

很久很久以前，有位富翁想要远游，出发前他把家中所有的仆人叫到了跟前，托付他们保管好自己的财产。他把家里的存银分别交给了三位仆人，依据他们个人能力的高低，给了每个人不同数额的银子。第一个仆人得到了十两银子，第二个仆人得到了五两银子，第三个仆人得到了二两银子。主人离开后，第一个仆人将 10 银子用于经商，赚到了十两银子，使主人交付的财产翻了一倍。第二个仆人用五两银子做本钱，赚到了五两银子，也让钱财翻了一倍。第三个仆人却把仅有的二两银子埋进了土里。

不知过了多久，富翁从远方回来了，等到仆人们交割财产时，第一个仆人拿出了 20 两银子，主人高兴地说："你做得很好，能把十两银子变成 20 两，说明你是一个自信和有能力的人。我以后会让你掌管更多的事情，你现在去领赏去吧。"第二个仆人拿出了十两银子，主人面带微笑地说："你做得也很好，同样让我的财产翻了一倍，我以后也会重用你的，你下去领赏去吧。"

第三个仆人把埋在土里的二两银子挖出来交给了主人，然后说："主人，我知道你总是对生活抱有很高期待，想要在没有播种过的土地上收获东西，想要在没有撒过种的土地上收割庄稼。我感到害怕，所以就把钱深深地埋进了地下。"富翁生气地说："既然你这么了解我，就应该把钱存进钱庄，让我获得利息，然后再把本金和利息交给管理十两银子的人，让我的财产翻倍增长。你这么没头脑，还敢跟我狡辩。"说完，就把这名仆人遣退了。

第三位仆人以为没有将主人交付的银子弄丢，就算做到尽职尽责了，然而主人却持有不同的看法，在主人眼里只知道坚守职责是不够的，仆人们必须做得比自己要求的更好，才算没有辜负自己的期望。在现实生活中，只求合格不求更好的现象是广泛存在的，譬如很多学生考试只求过关，功课只要不亮红灯就心满意足了；很多工作者做工作只求完成不求完美，根本就没有想过把工作做到尽善尽美，这些都是缺乏责任感的表现。

在激烈的竞争环境中，只能做到"物有所值"是远远不够的，你只有变得"物超所值"，才能让别人看到你的价值。据说经营之神松下幸之助曾经问过一名员工："假如公司支付给你 1000 元的工资，你觉得自己该做多少事情才是合适的?"那名员工回答说："公司给我 1000 元的报酬，那么我就做 1000 元的事。"松下幸之助听后说："如果这就是你的真实想法的话，恐怕公司是要解雇你的。这是因为公司支付你 1000 元的薪水，你只肯做 1000 元的事，那么公司就得不到一点利润了，这样下去公司是不能维持正常的运营的，为了节约开支只好裁员辞掉你，那么你连一分钱的薪水也领不到了。"可见，你做的事情只有超出老板的期待，才算做到尽责，只肯做和薪水等量的事情便会被老板视为失职。

事实上，工作是没有及格线的，不要以为做到 60 分好就可以高枕无忧了，你以为的及格在老板眼里就是不合格。无论从事什么工作，一定要比别人要求的做得更好，只有这样，你才能换来肯定的评价，才有机会崭露头角。

麦当劳能成为全球最大的连锁快餐企业，主要在于它提供的产品和服务远远超出顾客的期待，它总能为每位顾客提供最新鲜最可口的牛肉饼，公司规定肉饼烤好 20 分钟如果没有卖出，必须马上丢掉，正是这种高标准的要求，使得麦当劳成为了享誉全球的快餐品牌。任何一位工作者，想要成为行业内精英中的精英，都必须像麦当劳企业那样严格要求自己，如果别人期待你能把工作做到满分，那么你必须做到110％甚至120％的好，不要天真地以为只要做到六成好勉强及格就行了。

及格并不是衡量工作质量的标准，如果你只能交上60分的答卷，那么你和那些60分以下的人也不过是五十步笑百步罢了，世上没有一位老板会因为你踩着及格线勉强把工作完成，而对你大加提拔或委以重任，所以如果你想有所成就，一定要让自己的表现超出老板的预期。

## 敬业精神是你走向成功的通行证

有人问过李嘉诚这样一个问题：为什么有的人功成名遂、春风得意，而有的人却潦倒一生、困苦不堪呢？人与人之间最大的区别是什么？李嘉诚回答说，人与人在本质上并没有太大差别，最大的区别恐怕在于做人做事的态度，是态度的不同导致了人与人之间的天渊之别。

是的，人与人之间在本质上是没有多大差距的，除了少数天才以外，人在智力上的差距是极其微小的，其他方面的"硬件"，比如说才华、能力、身体状况等方面的条件其实也差不多，人与人之间最大的差别其实就在"软件"上，这"软件"就是李嘉诚口中的"态度"。一个对工作无比敬业的人和一个喜欢敷衍了事、对工作漫不经心的人，人生的际遇一定是不同的。

据国外一项调查研究显示：当今时代，学历和资历已经不再是企业选拔人才首要考虑的条件了，大部分企业都会把敬业精神当成衡量人才的最为重要的一个条件，职业技能和工作经验是次要考虑的条件。

人际关系学大师卡耐基是很敬业的，尽管他长年奔波各地演讲，可每次发表演讲前，他都会做足准备，且每次上台前，都会感到微微有些紧张。这是因为他始终对自己的工作怀有敬畏之心，希望自己能对每一位听众负责，所以每次登台都仿佛是人生中第一次走上讲台一样。昆虫学家法布尔是很敬业的，为了做研究，他能趴在地上端着放大镜，一连数小时观察蚂蚁搬运食物，一生致力于专注地观察昆虫的习性。在各行各业，只有既精通业务，又富有敬业精神的人才能成为供不应求的"香饽饽"，敬业二字在任何时代都不会过时，它永远都是你走向成功之路的通行证。

彭飞大学学的是兽医专业，长期没有找到对口的工作，奔波了半年之后才在一家到处巡回演出的杂技团谋到了一份照顾马匹的差事。虽然工资不高，但彭飞很喜欢这份工作，他喜欢动物，尤其喜欢马，把马看成了最有灵性的动物，所以每天无微不至地照管马，有时还要帮助杂技团做些杂活，到了晚上，经常累得精疲力竭，每次头刚挨着枕头就睡着了。可是无论他睡得有多香，只要拴马的地方有一点风吹草动，他都会从睡梦中惊醒，立即披衣查看马匹。

在他的照管下，马匹没有任何闪失，团长对他的表现非常满意，经常夸他是个有责任心有上进心的年轻人。有一次，马戏团演出的地方一连下了好几天大雨，彭飞总是伴着哗哗的雨声入眠。半夜里突然听到马的嘶鸣声，他立即穿衣查看，心想：莫不是马着了凉生了病。走进马棚一看，他立即惊呆了，原来是发大水了，马腿大部分浸在水里，他来不及多想，赶忙解开了马缰绳，把所有人都喊醒了，及时救了大家一命。

经过这件事情以后，团长对彭飞更是另眼相看了，他说不管什么事情只要交给彭飞来办，他准能百分百放心。后来由于行业不景气，马戏团解散了，团长和朋友合资创办了一家工厂，彭飞成为了厂里的核心骨干，由于他责任感较强，工作敬业，平时狠抓产品质量，结果在同类型的很多工厂都垮掉的时候，他所在的工厂却越办越大。团长很高兴地对他说："在马戏团的时候，我就知道你身上有别人没有的一股精神，那就是高度敬业、高度负责的精神，所以我才愿意重用你，而你的表现也没有让我失望。"

我国古代思想家朱熹说："敬业者，专心致志以事其业也。"即敬业的人身上都有一股专注的精神，譬如科学家可以数十日甚至数百日专心致志地重复同一个实验，维修工可以夜以继日地排查机器故障，这都是专注精神的具体表现。敬业不是表演给任何人看的，而是对自己的一种严格要求，任何一个敬业的工作者即使在没有监督的情况下也会一丝不苟、严谨认真地完成自己的工作。这种兢兢业业、尽职尽责的人才是不可多得的宝贵资源，企业有了他们是一种幸运，国家民族有了他们是一种福祉，我们应该以他们为榜样，成为对这个世界有突出贡献和价值的人。

## 只要你不辱使命，使命就不会辱没你

最光荣的工作通常是在秘而不宣的状态下默默完成的，督促人们克服万难，完成艰巨任务的动力不是金钱，也不是荣誉，而是从内心深处迸发出来的使命感。对于肩负使命感的劳动者来说，工作不是一个随意应付的差事，也不是为了自我宣传而进行的某种广告活动，而是一种神圣的任务，他们心怀信念，愿意为此付出全部，终极目的只有一个，那便是不辱使命。

白求恩是一个极富使命感的人，他在抗日战争期间不远万里来到中国，只为履行一位医生的职责——救死扶伤。股神巴菲特的儿子霍华德·巴菲特也是一个极富使命感的人，作为一个具有人道主义情怀的农民和慈善家，他把所有精力都放在了研究非洲粮食增产的项目上，致力于解决非洲人民的温饱问题。千千万万前往穷乡僻壤支教的教育工作者也都是极富使命感的人，他们不图名不求利，在极其艰苦的条件下坚持教书育人，只为给贫困地区带去知识与希望。

　　也许我们从事的职业并没有那么高尚，我们本人也没有那么崇高，但是只要带着强烈的使命感去工作，我们的人生就会从此大不一样。无论做什么事情但求不辱使命，我们就不可能被使命辱没。其实每一份正当工作都是光荣的，每一项劳动也都是神圣的，我们之所以从自己的职业中看不到意义和价值，是因为我们没有树立起使命感，并不是因为我们的职业不能让自己骄傲。

　　有位老板问新来的出纳："你的职责是什么?"出纳说："收钱、付钱、数钱。"半年后老板又问了同样的问题，出纳说："我的职责是管理好现金和银行存款，做好报销工作。"一年后老板再次问了同样的问题，出纳回答说："我的工作职责是帮助公司管理好财务。"显然，这名出纳渐渐地找到了职业的使命感。无论我们身处哪个行业，从事何种性质的工作，我们的劳动对于企业和社会来讲都是有价值的，任何一份工作都不仅仅是一份差事，所以我们理应带着使命感认真面对每一天的工作。

　　陆光刚到电视台工作的时候，被分配到一个很小的栏目里当助理，这份职务其实就跟杂工差不多，所有的杂务都必须自己处理，他整天忙得昏天黑地，而薪水却非常低。陆光认为干杂活没有意义，觉得自己的前程黯淡无光，不止一次地产生过跳槽的念头。可是每次向朋友提起，朋友都告诉他现在工作不好找，不如沉下心来把这份工作干好，或许以后能等到机会。朋友的话让陆光深受启发，他想眼下这些杂活都是为了未来的成功做铺垫，现在如果把台里交代的工作都做好了，以后能获得更大的发展也未可知。

自从改变想法以后，陆光俨然像变了一个人，他上班再也不无精打采了，对电视栏目制作也慢慢产生了兴趣。苦干了三年之后，他终于得到了一个机会，成为某个社会热点栏目的主持人。该栏目涉及的题材异常广泛，既有关于成功人物的事迹报道，又有小人物的悲欢离合，此外，栏目策划者还积极参与到帮助百姓解决难题和苦恼的活动中，譬如帮助失散的亲人团圆，帮助贫困的患者筹集医疗费，陪同孤寡老人和留守儿童过生日等。自从参与了栏目的播出，陆光便产生了一股强烈的使命感，这股使命感又催生了他的职业嗅觉，使得该栏目在引起广大观众注意和热议的同时，很多需要帮助的人感受到了社会的温暖，很多的难题在大家的帮助下得到了圆满解决。栏目的收视率越来越好，陆光也迎来了自己职业生涯的高峰期。

怀着神圣的使命感去工作，是成就事业的先决条件。一个没有使命感的人即使拥有非常优越的从业条件，也不可能把事情做好。无论我们从事什么工作，也无论是身处高位，还是奋战在一线，我们都不能轻视自己的职业，而要把自己看成是一个肩负使命的人，时刻怀着崇高的荣誉感和使命感对待工作，只有这样，我们才能实现自己的人生价值和理想。

美国的一个铁匠父亲在教导儿子的时候，再三告诫儿子不要轻视自己的职业，而要怀着尊崇的态度对待打铁这个行当，他最常说的一句话就是："少了一枚铁钉，掉了一只马掌；掉了一只马掌，失了一匹战马；失了一场战马，败了一场战役；败了一场战役，丢了一个国家。"在他看来，一个毫不起眼的铁匠也关系到国家的未来，所以他是一直怀着使命感工作的，因而才成为了一名优秀的铁匠。我们在从事本职工作时，也应该持有同样的工作态度，如此才能成为行业里的精英人物。

# 第八章
## 少一分计较，便多一分安然

　　人生花火一瞬，没有必要太过斤斤计较，与生死大事和脆弱的生命相比，鸡毛蒜皮的小事算得了什么，功名利禄算得了什么，得失荣辱又算得了什么，一切不过是过眼烟云罢了。纵使拥有三千弱水，你也只能取一瓢饮。人一辈子真正需要的其实本没有那么多，是野心和欲望把人变成了饕餮般的贪婪怪兽。

　　计较的本质是贪婪和自私，贪欲就好比一副沉重的金锁链，表面上华光四射，却让你每走一步都步履维艰。只有把心放宽了，不再被凡尘琐事困扰，你才能活得简单快乐。其实我们都是来去匆匆的过客，在历史的长河中就好比浪花一朵，欢腾之后便瞬间湮灭，也许一点痕迹都不会留下，计较太多又有什么意义呢？人活一世，简单、纯粹、快乐就好，多余的东西都是负累，少一分计较，便多一分安然，该放下放下，该舍弃舍弃，一身轻松，才能悠游于世、开心到老。

# 快乐经不起比较，更经不起计较

人生中的很多烦恼都是源于无休止的比较和计较，比如小时候我们跟小伙伴比谁的零花钱多、谁的玩具精致、谁的糖果香甜；长大了开始跟别人比工作比收入比成就。我们跟父母计较过，责怪他们没有给自己提供优越的成长环境；和同窗计较过，忌妒他们长得比自己美，成绩比自己好；跟同事计较过，不能忍受他们能力比自己更出色、薪酬比自己高；跟伴侣计较过，责怪他（她）不是高富帅或白富美；和孩子计较过，总是以恨铁不成钢的语气责怪他们不能为自己脸上增光。

等到了满头白发的年纪，我们才猛然发现，在这个世界上根本没有什么事或什么人值得我们计较。年轻时看得比生命还重的东西，其实不过是过眼浮云罢了，多少沧海往事恍若一梦，人间除了真情可贵，其他的全都无关紧要。所有的比较不过都是虚荣心作祟，所有的计较都是因为自己内心不够宽广。我们之所以有那么多苦恼，不是因为得到的太少，而是因为计较得太多。换一种心态看待人生，学会不比较不计较，以悠然的姿态观看秋月春风，人间处处是迷人的风景，世上处处皆有美好的温情，即便我们拥有的不多，一样可以活得洒脱、快乐和满足。

沈维本来找了一份很不错的工作，办公环境良好，福利待遇也不错，最重要的是发展空间比较大，只要有能力就能晋升到管理岗位。同学都说沈维幸运，沈维也觉得自己交了好运，可没过多久，她的想法就变了。有一天午餐时间，她和同事闲聊，偶然间听说有个进公司比她晚的同事月薪居然比她高出了 1000 元钱，她生气地说："他来公司比我晚，能力又不如我，凭什么月薪比我高出那么多，真是太不公平了。"说完便铁青着脸起身离去了。

下了班以后，沈维还在懊恼，生平第一次她有了一种被打败的感觉，1000 元的薪资差距大大伤害了她的自尊，她就仿佛被人狠狠地扇了两个耳光一样，既觉得羞愧，又觉得耻辱，同时又感到愤愤不平。找到工作以后，她本来对自己的生活挺满意的，还打算中秋节带着男朋友回老家看望父母，现在什么心情都没有了。她不仅怨恨公司、怨恨老板，还开始迁怒于男友和父母。她想如果男友是个成功人士，自己只要做小鸟依人的公主就好了，根本就不用打工受气，又觉得自己之所以如此不幸，父母也是有责任的，如果父母有本事创下一番家业，自己只要接手家族企业就行了，哪用受这种委屈？

她越想越难过，本想赌气辞职，但转念一想，这份工作可是她费了九牛二虎之力好不容易找到的，再找一份各方面条件都差不多的工作并不容易，所以尽管满腹委屈，也没敢采取任何实质性的行动。此后她还是一如既往地认真工作，不过笑容越来越少了，每天都摆着一张苦瓜脸。

同事察觉出了她的异样，便关心地问她是不是生病了。她没好气地说："我只是想不明白，我在能力上不比别人低一等，工作又那么尽职尽责，工资却比别人少那么多，这是为什么？他们这么做未免也太欺负人了。"同事赶紧说："原来你是在为这件事而烦恼啊。别再生气了。你看我，来公司比你早，工资还没你多，我还不是每天高高兴兴的。"沈维说："我和你不一样，你的男友是潜力股，以后你自己不用赚太多，照旧能过上好日子。我呢，就没你那么好命了，我男友的工资还不如我高，这就意味着以后得靠自己打拼，我能不斤斤计较吗？以前别人都说我命好，我也觉得老天待我不薄，可现在想想，自己简直就是倒霉透顶。工作不如意，感情又失意，我的人生为什么这么不顺呢？"

同事睁大眼睛问："你不会因为这事就跟你男朋友分手吧？"沈维没有立即回答，她想了想才说："不会。我们俩是大学同学，已经交往四年了，感情还算稳定，我不能因为每个月少发了 1000 元的工资就连爱情也不要了。"同事舒了口气说："这才对嘛。你现在也算比上不足比下有余了，工资比我还多一点，别为了这件事生气了，也千万不要为了这事迁怒于男友，毕竟这年头，能找到真爱不容易。"沈维点了点头，心情豁然开朗。

事实告诉我们，计较越多，失去越多。因为计较，我们的生活中充满了牢骚、抱怨和不满。因为计较，我们的内心塞满了情绪垃圾；因为计较，我们忽略了许多应该珍视的人；因为计较，我们错过了人生中很多美好的瞬间。只有放弃计较，以淡然的心态看待世事，我们才能多一份恬淡和从容，多一些快乐和纯真，收获最简单最纯粹的幸福。

# 放下贪念，富足精神

富足的人如果太爱计较，那么他就有一颗贫穷的心，这比物质贫乏的人还要可悲。如果一个人穷得只剩下金钱了，那么他确实可以称得上是世上最贫穷的人了。我们都觉得巴尔扎克笔下的欧也妮·葛朗台既滑稽又可笑，可是谁又认真思考过，当今社会，像欧也妮·葛朗台这样的守财奴究竟有多少，自己又是不是他的翻版呢？

巴尔扎克描绘出了贪婪对人性的异化作用，伊索的看法则更加激进，他认为贪婪会让人一无所有。喜欢《伊索寓言》的朋友，一定对《老婆子和母鸡》的故事非常熟悉，它讲述的是一个老婆子养了一只母鸡，母鸡每天只能下一个蛋，老婆子很不满意，为了让它每天多下一个蛋，每天都加倍地喂它。结果母鸡越长越肥，最后一个蛋都下不出来了。由此伊索得出结论：戒之在贪。肥胖的母鸡才是真正的反面角色，它生活得越是富足越是舍不得回馈给别人，被喂肥了之后居然从此不再下蛋了。

常言道："良田千顷不过一日三餐，广厦万间只睡卧榻三尺。""纵有弱水三千，你也只能取一瓢饮。"就算我们把世上所有的良田美宅据为己有又能如何？它们不过只是充当摆设罢了，我们实际需求的并没有那么多。做人何必太贪，何必计较太多，多出来的东西都是负累，与其整天算计着怎样占有更多的资源，还不如慷慨一些，把资源让渡给更需要它的人。

孙菲是一个普通的小白领，公司年景好的时候，收入还算比较丰厚，可最近几年公司的效益越来越差，所有职员的薪酬都减了一成。她的同事都开始唉声叹气，只有她还像以前那样开朗乐观。

汶川发生地震，公司组织捐款，同事们都很不积极，有人还说："我自己都要喝西北风了，哪有多余的钱献爱心？我还日夜盼望着别人给我献爱心呢！"孙菲实在听不下去了，便说："咱们的收入虽然大不如从前了，但每个月至少能拿到 8000 块，这就已经很不错了。普通的工薪阶层哪有这么高的收入？你没看报纸吗？一个清洁工每月的工资才一千多块，人家还捐了好几百块呢？"同事不以为然地说："人家在学雷锋呢，我们可没有这样的高风亮节，我们都是些很实际的人，既要还房贷又要养车，本来钱就不够花，又遭遇了减薪，整天还盼望着遇上哪个贵人帮自己一把呢，哪能把本来就已经不多的银子掏出来做慈善呢？"

孙菲自知说服不了同事，只好作罢了。那次捐款活动，很多同事都只捐了20块，只有孙菲捐了半个多月的工资。同事全都笑话她傻，她却满不在乎。有个同事问她："看来你有不少结余啊。不妨说来听听，你是怎么做到的？我们当中大多数人可都是'月光族'啊。"孙菲说自从减薪以后，她就养不起车了，于是把爱车卖了，现在每天坐地铁上班。以前买几千块一条的裙子眼睛都不眨一下，现在经常到小店里淘几百块一件的衣服，觉得款式和质量也挺好的。以前她几乎天天在外面吃饭，如今已经学会自己动手做饭了。她告诉同事说自己做的饭比外面的豪华大餐更好吃。最后她又说："富足不是指你有多少财产，而是指你能多大程度上合理支配自己的财产，如果像欧也妮·葛朗台那样斤斤计较，拥有再多的钱也不会开心的。"

我们常看到有些人，表面上看起来很成功，但骨子里却是个失败者，因为过于计较，他们时刻精打细算，愈是富足愈是小气，没有半点成功人士的气度，也没有成功人士的风采，这样的成功又有什么意义呢？

# 爱惜自己，放下计较

豁达的人认为，在这个世界上除了生死，其余一律都是小事。生命其实是很脆弱的，疾病、衰老和不可预知的灾难都可以侵蚀它，没有人可以预见下一秒钟会发生什么事。一只蝼蚁死在我们脚下，或许我们会毫不在意，因为蝼蚁的生命是何其卑微，任何一只强有力的脚都可以将其践踏。其实人类和蝼蚁又有什么区别，任何生命在不可抗力的作用下都显得不堪一击。

在这个拥有 70 亿人口的星球上，每隔几秒钟都有人出生，每隔几秒钟都有人死亡。生与死演绎得不过是生命的新陈代谢而已。人生百年一瞬，当生命渐渐逝去时，我们却茫然不知。直到死之将至，才会猛然觉得生命是如此匆匆。我们无法改变生命的有限性，唯一能做的就是让有限的生命过得更有意义。那么该如何做到这一点呢？许多人认为人生在世，最现实的追求无非就是富贵功名，俗话说得好："雁过留声，人过留名。"然而事实上谁都不可能被世人永远铭记，任何一个光芒闪耀的生命都有可能悄无声息地逝去，就像沙滩上被海潮淹没的脚印一样，不留任何痕迹。功名皆尘土，为了功名二字，计较不休，实在是一件可悲的事。

人生最大的失败不是从来就没有成功过，而是把生命浪费在错误的追求上。客观而言，所谓的成功之道，遵循的永远都是"一将成而万骨枯"的定律，平凡的失败者永远都是占大多数的。失败不是悲剧，只要我们曾经执着地追求过，人生便已无憾。可是如果我们追求的东西与理想无关，所追求的不过是披着理想外衣的功名，那么所有的奋斗和挣扎便不再具有任何意义。其实，和脆弱而又有限的生命相比，功名又算得了什么，它的分量连宇宙中的一粒尘埃都比不上，为什么有人会为了争抢它而头破血流，为什么有人甘愿为它耗竭青春和生命？

张美娟近期表现得有些反常，以前她总是拉着一张长脸，一副标准的苦情相，最近却总是笑眯眯的，好像每天都有喜事临门一样。同事都觉得诧异，午休时间都不约而同地围住她，七嘴八舌地问长问短。张美娟也不想瞒大家，便叙述起了自己亲身经历的惊魂一幕。原来，由于连续开夜车，通宵达旦地加班，张美娟越来越感到体力不支。有一天下班回家她忽然觉得胸口憋闷，眼前一黑便不省人事了，幸好路人及时发现了她，赶忙拨打了 120 求救电话，她这才捡回一条命。

"我差点就见上帝去了。"提起当时的情景，张美娟心里还有几分后怕，"我现在才明白死亡其实离我们一点也不遥远，尽管我们还很年轻，但是如果不知道爱惜自己，不懂得珍惜生命，很可能就像一部破旧的机器一样，提前报废。生命实在太脆弱了，根本经不起多少折腾，人只要能好好活着就很有福气了，其他的都不重要。世上的东西没什么好贪恋的，也没什么好计较的，正所谓'人死如灯灭'，死了什么都没有了，还计较什么？以前看到别人活得比我滋润，生活比我光鲜，我就受不了，拼死拼活就是为了闯出一些名堂来，现在想想，又何必在意这些。在鬼门关前走了一遭之后，我算是想开了，以后一定要开开心心地活好每一天。"同事听完了张美娟的讲述也都分外感慨，纷纷说："美娟姐说得对，和生死大事比起来，其他的确实都是小事。"

人何必为难自己，本来生命就已经很脆弱了，又何苦给它增加多余的负累？人生在世，不必计较太多，没有好车、没有大房子不要紧，籍籍无名、没有身价也没关系，只要你开心地活着，能够用心地体现生命中的每一分钟，就是一种莫大的福祉。放下计较，敞开心扉接纳充满缺憾的生活，让生命多一分从容，多一分开怀，就是对人生最好的尊重。

# 最好的省钱方法，是有计划地赚钱

格局不开阔的人逢人便问："你每个月能存多少钱？"而真正的聪明人却从不这样问，他们不在乎存了多少钱，只在乎自己有能力赚多少钱。存钱和赚钱反映的不只是理财观念上的差异，更能反映出人生态度的不同。有了钱就全部存进银行是典型的穷人思维，银行卡上增加再多的零，也只是意味着数字的增加而已，钱如果不被支配和支取，就失去了它本身的价值。钱不是存出来的，也不是省出来的，而是赚出来的。

有人认为拼命地省钱就是最有效的赚钱方式，这着实是一种谬论。你可以尽可能地在菜市场和小贩计较一两毛钱的菜价，也可以为了省下几十块钱而和卖衣服的营业员费尽口舌，讨价还价之后，不过是少花了几毛钱或几十块钱而已，但你为此所浪费的时间其价值远远超过了省下来的钱。像个一毛不拔的铁公鸡那样存钱、省钱，并不能让人活得富足，却足以让你的生活质量和生活品质下降到惨不忍睹的程度。有些省钱达人精打细算的程度已经到了令人瞠目结舌的地步。比如买东西专挑打折产品，时刻想着趁促销时节抢购一番；请朋友到家中做客，自己亲自下厨，尽可能不多花一分钱；如果上班地点跟住处是半小时步程的距离，便义无反顾地选择以步代车，为了省下一两块钱的公交费，几乎要把自己培养成竞走健将；节省到这种地步，显然连生活品质也一起省掉了。

其实一个普通的工薪阶层就算不吃不喝不用，把所有的钱全部省下来存进银行，数额也不会太大。一个脑袋里整天想着几毛钱的人，永远都不会富裕起来的。一个人只有学会有计划地赚钱、花钱，才能在提升生活品质和幸福指数的同时，更快地提升自己的能力。千方百计地省钱并不会让你的财富增加多少，所以与其当省钱达人，不如做赚钱达人，赚来的钱才能更好地为你的人生服务，且不以牺牲自己的正常生活为代价。

丁燕家境贫寒，所以总是一门心思地想着怎么省钱。得了奖学金什么也舍不得买，全部存进了卡里。同学说："不如你去买台电脑或买部手机吧，大学校园里谁没电脑和手机啊，你再不赶快跟上潮流，就落伍了。"丁燕却说："我跟你们比不了，能省就得省，电脑和手机对我来说简直就是奢侈品，它们不是必需品，所以我不能把钱花在这些东西上面。我觉得钱必须要花在刀刃上才算值得。"同学说："我跟你的看法可不一样，其实花钱也是一种投资，你先买台电脑，尝试着开个网店或者学点有用的东西，以后准能受益。"丁燕摇摇头说："我现在哪有条件做什么投资啊？"

大四那年，丁燕决定加入考研大军。同学为了顺利过关纷纷抢购真题资料，丁燕却嫌学习资料太贵，什么资料也没买，默默地借了同学的资料抄写，花了整整一个月时间才把所有真题抄写完毕。结果由于浪费了太多的时间，准备非常不充分，成绩很不理想。她知道自己与名校无缘了，只好等着调剂。幸运的是北京有几所还算不错的学校打算招收她，可惜第一次赶去北京面试时她被淘汰出局了。回到学校以后，同学劝她再到其他学校试试看，她却死心了："坐火车去北京一次得花三百多块钱呢？要是面试不成功，钱不就是白花了吗？"在她眼里，未来的前程居然比不上300块钱，她似乎忘记了自己挑灯夜战苦读是为了什么，也忘记了自己考研的初衷，一心只想多省点钱。

毕业以后，她准备回县城老家当小学老师，临走前对同学说："当小学老师挺好的，暑假寒假都休息，这样我就可以一边工作一边考研了。"同学听了这话瞬间呆住了："你既然这么想考研，为什么不肯买复习资料，连面试的路费都不愿意出？"丁燕说："在校考研光花钱不赚钱，自然要仔细些。工作以后就不一样了，自己赚钱了，多花一点也不心疼。"同学说："你总算开窍了，以后别总想着怎么省钱，学会赚钱才能过上好日子。"丁燕点点头，第一次认同了同学的看法。

俗话说：会省钱不如会赚钱。在某些时候，过度的节省可能会演变成一种变相的浪费，比如不舍得把隔夜的剩菜扔掉，加热了再吃，结果因为吃坏了肚子花了更多的钱去看病；再比如平时舍不得花钱体检，等到身体出现了重大状况，所需的花费超出体检费的数十倍；又如为了省些小钱和别人争论不休，浪费的时间花多少钱都弥补不过来。真正的强者从不在省钱方面下功夫，比起省钱，他们对赚钱更有兴趣，所以有时候花得越多，反而动力越足，赚得越多，便愈发懂得如何投资、理财，如此便形成了一种良性循环。

## 别总盯着别人的缺点不放

生活中我们常看到一些人，总是看不惯别人，过分关注他人的缺点和不足，却总对他人的优点视而不见，凡事吹毛求疵、斤斤计较，搞得大家都很不愉快。其实做人应该宽宏大度一些，总盯着别人的小毛病不放只会让更多的人反感你、疏远你，甚至敌视你。好为人师是一种愚蠢的表现，谁都不是犯错的小学生，当然不需要你来批评指正，更何况自己也有各种各样的缺点和毛病，当不了万世师表。

俗话说："水至清则无鱼，人至察则无徒。"以苛刻的标准要求朋友，你将永远没有朋友；拿显微镜观察别人，你的眼里将不会有一个值得敬重和深交的人；打着为别人好的名义羞辱别人，别人不可能感谢你的"好意"，且能察觉出你言语中的不善。不要以为别人拒绝你的纠错，是因为对方没有勇气正视真实的自我，别人拒绝你是因为他坚定地认为你没有对他人指手画脚的权利。吹毛求疵之所以如此惹人厌烦，斤斤计较是祸根，每个人都是一块微瑕的白璧，人们对于自己的瑕疵大都有清醒的认识，自己尚且纠结计较，你又揭人之短，表现得盛气凌人、不依不饶，怎能不惹人怨恨呢？

克鲁斯是一个各方面条件都很一般的人，他本可以安安静静地生活，可他偏不喜欢安静，总要在人前人后制造风浪。不知是出于什么原因，克鲁斯特别喜欢挑剔别人，所以非常惹人讨厌。有一次他质疑杰克的身高，说杰克看起来就像个侏儒症患者。人们这才发现克鲁斯真的长得很矮，俨然一副发育不良的样子。又有一次他说汤姆的眼睛空洞无神，就像死鱼眼睛。人们这才发现相较之下，汤姆的眼睛原来这么清澈明亮，而克鲁斯的眼睛看起来则阴森黯淡，显得浑浊不堪。

除了挑剔别人的相貌气质，克鲁斯还非常喜欢拿别人的能力说事。比如他说杰克做什么事都慢半拍，总在拖团队的后腿。这确实道出了部分实情，杰克做事太过精益求精，但这对于搞创意的人来说并不算太大的缺点，好的方案往往不是一蹴而就的，强调速度至上是不可能想出绝妙的好点子的。克鲁斯还说汤姆为人优柔寡断，无论做什么事情总是喜欢瞻前顾后，经过权衡比较后，选出的方案往往是最差的那一个。汤姆做事确实比较谨慎，凡事都要考虑周全才肯行动，可是作为中层管理者这也算不上是什么大不了的毛病，很多的决策都是高层领导做出的，汤姆只是一个稳健的执行者，凡事考虑得周全，有助于方案的执行，并不会给日常工作带来多大的负面影响。

克鲁斯几乎对每一个他熟悉的人品头论足，只要有人有一件事做得不够好，他就会将对方彻底否定。他把所有人当成批判的对象，自己则扮演着审判者的角色，久而久之，人们彻底被他搞烦了。有位同事站出来毫不客气地说："你总是喜欢挑剔别人，难道自己就一点缺点都没有吗？"克鲁斯说："我最大的缺点就是比别人更富有洞察力，能把别人的缺点看得一清二楚。"同事接过话茬说："说得没错，但你唯独看不见自己的缺点。""我们的眼睛是用来观察外界的，而不是用来观察自己的。我是说，谁能看清自己的睫毛和鼻子呢？"克鲁斯狡辩说。同事说："你照照镜子自然就看清了。"话音一落，办公室里发出了一阵哄笑声。克鲁斯这才察觉自己有多么不受欢迎，于是只好低头假装看资料，力图避开这种难耐的尴尬。

学会用欣赏的眼光看待周围的人和事物，你会发现所有的人身上都有宝贵的可取之处。做人不能太苛刻太计较，因为世上没有人能达到你所要求的完美标准。

缺点多的人未必可憎，缺点少的人未必值得推崇，所以我们不必太过在乎别人的缺点，缺点就像美人芳唇边的黑痣，在亵渎了美的同时又成就了美，缺点让人更真实更有质感。我们要学会包容别人的小缺点小瑕疵，多多欣赏别人的优点和长处，这样才能赢得别人的好感，收获可贵的友谊。

## 把失去当作一笔宝贵的投资

人活一世，得失只在一念之间，正所谓有所得必有所失，任何一种得到都是要付出相应代价的，而任何一种失去其实都是为了更好地得到。失去是一种不幸，也是一种福祉，因为失去让你明白了什么叫作珍惜，一瞬间的顿悟足以影响你一生的命运。人生在世，往往是得失参半的，得与失之间本来就是相依相存的，只想得到不想失去是不现实的，太过计较失去，就不可能有所获得。

很多时候，我们在失去的同时其实也在得到。人生在不同的生命阶段都在失去，也都在得到，期间的细节我们本没有必要计较。人生最大的痛苦不是失去太多，而是太过在乎失去的东西，看不到自己获得了多少更有价值的好东西。譬如一名千万富翁因为失去了100万而郁郁寡欢，却不曾想过这100万并没有白白丢失，用它买到的教训可能帮助自己创造出更多的1000万；一个热恋中的人失去了生命中最美好的一段感情，他或她确实有足够理由为自己的失去哀伤叹惋，因为这确实是一段不幸的经历，但是幸与不幸也只是相对概念，失去一段良缘可能是为了等待一个更适合自己的人。如果你总是计较自己失去了多少美好的东西，那么永远都没法向前看，注定要活在过去的痛苦阴影里。只有把失去当成一笔宝贵的投资，我们才不至于白白失去，终有一日我们能把失去的东西全都拿回来，甚至得到更多。

深山里生活着一个贫苦的农民，他虽然勤劳肯干，但一直苦于没有找到致富的方法，整天早出晚归干活，却只是勉强维持温饱罢了。有一天，有个来自外地的商人赠给了他一样特别的东西——一大袋黑乎乎的植物种子。商人告诉他这是苹果的种子，把它播进土里，用不了多长时间，它就能长成一棵棵果树，结出累累的果实，把果实运到集市上去卖，能换来不少钱呢。

农民高兴地收下了这份礼物。商人离开后，他选择了一片开阔平整的高地种植苹果树。经过两年的辛苦耕耘，终于看到了可喜的成果。眼前出现了一片果园，一粒粒种子长成了一棵棵挺拔葱郁的果树，结出了红彤彤的果实。农民喜出望外，以为只要把这些精心培育的苹果卖到集市上去，以后自己就有好日子可过了。所以丰收的日子里，他干劲十足，一大清早就去了果树林，等到了果树林一看，大事不好了，满树红灿灿的果实都被山里的飞禽走兽吃掉了，树下留下了满地果核。想到所有的努力都付之东流，农民忍不住大哭了一场，但哭过之后日子还要继续过下去，擦干了眼泪，他依旧像以前那样辛辛苦苦地在田间劳动，日子一如从前那样清苦。

不知不觉间，好几年过去了。有一天，他忽然又想起了果树林，便又来到了当年那处让他伤心洒泪的地方。走到跟前一看，他猛然怔住了，因为眼前的景象完全颠覆了他的想象，只见高地上出现了一大片更加茂密的果林，树上结满了红灿灿的诱人果实。这片果林是谁种下的呢？他想了好久才找到了答案，原来果林就是他自己种的。当年飞禽走兽吃光了他的苹果，将果核吐到了地上，经过雨水的滋润，果核里的种子开始发芽生长，最后便长成了一片繁茂的果林。农民把苹果摘下来卖到了集市，赚了一大笔钱，从此过上了富足的生活。回顾当年往事，他想幸亏飞禽走兽吃光了那小片果林的果实，否则他就不可能拥有眼前这么大片的果林了。

常言道："失之桑榆，收之东隅。塞翁失马，焉知非福？"失去又何尝不是另一种形式的得到呢？如果你总是计较自己所失去的，那么必将失去更多，因为泰戈尔说："如果你因错过太阳而流泪，那么你也将错过繁星。"不要太把得失放在心上，学会在失去中体味人生，在失去中找回自我，你必将收获更多的惊喜和回报。

# 人生中的很多烦恼都是庸人自扰

做人可以不聪明，也可以不通交际法则，但为人一定要大气。没有气量不但成就不了大业，收获不了幸福美满的人生，而且没有烦恼也会自寻烦恼，庸人自扰。生活中我们常见到这样一类人，常为了一些无关痛痒的小事斤斤计较，听到了一句不中听的话便将其理解为对方在向自己释放高度不满的信号；看到一点狐疑的表情，就坚定地认为自己的人品受到了质疑或是尊严受到了挑衅；别人不经意的一个眼神或是一个没有任何寓意的动作也会被解读成不友好的表示。如此疑神疑鬼，自然觉得人活着很累。

常言道："天下本无事，庸人自扰之。"如果你不去妄自揣度别人，就不会生出那么多假想敌，也不会惹出那么多是是非非来。不要总是对号入座，认为别人某些话一定针对自己，你在自己眼里或许是绝对的主角，在别人眼里却只不过是个过客和龙套，没有人会整天挖空心思针对你。虽然人与人之间会擦出一些不和谐的火花，但还不至于发展到水火不容的地步，只要你愿意首先放弃计较，乐于和与自己性格迥异的人磨合，你们之间即使成不了惺惺相惜的朋友，至少也能成为友好相处的伙伴。

不要以为凡是不欣赏你的，必定对你极端厌恶，别人有权不喜欢你，可不喜欢和极端厌恶毕竟是两码事。不要因为别人一句不经意的话语或是一个小小的动作而扰乱了心智，或许你听出的弦外之音只是一种荒谬的猜想，你解读的深意其实只是一种误解，别人并未想过打扰你的清净，毁掉你美好心境的并非是外界的力量，而是你那颗爱猜忌的心。

　　曾舒雅总是怀疑别人对自己不友好，比如在挤地铁时旁边的人只是看了她一眼，她便认为对方目露凶光；老板发言前清了清嗓子，咳嗽了两声，她便觉得自己要挨批评了，即使没有提到她的名字，她也总把一些不好的评语想象成是对自己的斥责。每次同事窃窃私语、小声嘀咕，她都认为他们是在说自己坏话。假如有人眉飞色舞地讲笑话，见她一来便收了尾，气氛莫名其妙地冷场，她便想当然地认为那个口沫横飞的笑话大王其实是想借助笑话讽刺自己。

　　曾舒雅从别人的一个眼神一个动作里，都能解读出其他内容。即便别人面无表情，她也认为这是在对自己表达不满，因为一张没有表情的脸，比冷若冰霜更让人难以接受。或许大家全都不屑于跟她坦露真性情了吧，想到这里，她更是伤心。曾舒雅整天莫名其妙地烦恼着，总想找个人大吵一架，火气一天比一天大。

　　有一天她发现同事小高瞪了自己一眼，马上气急败坏地说："你瞪谁呢？我怎么招惹你了？"小高感到莫名其妙："盯电脑久了，视觉疲劳，眨眨眼睛怎么啦？我什么时候瞪过你了？"曾舒雅说："你当我是三岁小孩子，连正常眨眼和瞪人都分不清吗？""我看你是得了疑心病，判断能力还不如三岁小孩子。"小高说。

　　"你说什么？你居然敢这样侮辱我的人格和智商？"曾舒雅霍地站起来，一副要打架的架势。小高不想动武，忙后退两步说："别给我乱扣帽子，我可没侮辱过任何人。""难道你刚才侮辱的不是人吗？这不是变相骂我吗？""你这个人怎么总曲解别人的意思啊，真是不可理喻。我懒得跟你吵架，你爱怎么想就怎么想，反正一切与我无关。"小高说完这句话就不吭声了，以为这样就能休战了。

　　谁知曾舒雅却不依不饶，一定要让他解释为何要瞪自己，事情越闹越大，最后弄到了主管那里，主管弄清事情的来龙去脉后，对曾舒雅的小肚鸡肠感到很不满："看来你是太悠闲了，不然也不会整天琢磨那些莫须有的事，不如今天就留下来加班吧。你把吵架的心思多多用在工作上，还有什么工作是干不好的呢？"曾舒雅气得说不出话来，从此脑海里又多了一个假想敌——她的直属上司行政部主管。

正所谓"境由心生"，心若处处计较，人生之路便处处是坎坷，所以最好不要庸人自扰。做人要豁达一些、大气一些，不要随意猜忌别人，凡事不必太放在心上，学会淡忘生活中的不愉快，学会品味简单的快乐，明天一定会更美好。

# 眼光放长远，莫要计较小利

小汪是一名出租车司机，为了增加载客的机会，他像其他出租车司机一样开车跑到了机场，专门等待来来往往的长途客人。有一天，他发现了一个举止怪异的客人，那人一会儿上车，一会儿下车，中间连续换了好几辆出租车，折腾了好一会儿之后，来到了小汪的车窗前。小汪疑惑地看着客人，客人说出了目的地，报了一个价格——36元。按照市场价格，驱车走那么远的路程至少需要50元，他的报价明显低于市场正常价格，小汪是可以直接拒绝的。可是拒绝了眼前这位乘客，他就需要继续等下一位乘客，能不能等到还是一个未知数，是少收14块钱，还是等下一个生意呢？小汪犹豫了。

正在他踌躇不定时，脑海里突然响起了一个声音：计较是贫穷的开始。于是他便不再顾虑了，把乘客拉到了目的地——一处偏远的郊区。回市区时他忽然想到了一个好主意，他完全可以顺便再拉一个乘客啊。于是他便开车到了客运站，寻找想要搭车回市区的乘客，盘算着把上次拉车亏掉的成本抹平。

　　"小姐，请问你要不要回市区，我可以顺路送你一程，价格可以优惠。"小汪主动搭讪一位穿着灰色职业套装的女士。女士狐疑地看着他，不相信自己能碰上这样的好事。"请问你坐大巴回程需要付多少车费？"小汪不想轻易放弃，便随后问了一句。"40元。"那位年轻的女士说。"坐我的车30块钱就可以了。""什么？"女士简直不敢相信自己的耳朵，按常理来说，坐出租车应该要比坐大巴贵得多，小汪的报价却比大巴车的车费便宜了十块钱。小汪见那位女士表情凝重，态度谨慎，便如实说出了自己这么做的理由："小姐我刚刚跑了一趟远路，现在要回程，想顺便拉个客人分摊一点成本。"

　　女士说："可是我一个人不敢坐你的车。"小汪说："不要紧，我可以再找其他客人陪你一起坐车。"没过多久，他又找到了一位女乘客。当时天气非常炎热，两位女士感到口渴。小汪便驱车到便利店买了三瓶矿泉水，给每位女士都分了一瓶。这本来是件小事，小汪也没放在心上，他不过是为乘客花了四元钱买了两瓶矿泉水而已。

　　一个星期后，那个第一位搭车的女士主动给他打了一通电话，说自己有个同事想要到郊区去，劳烦他载同事一程。小汪答应了。后来他又见到了那位女士，这才知道她所供职的单位是一家企业管理顾问公司，那里的讲师们经常要到市区或郊区各地演讲开会，由于那位女士的推荐，讲师们便成了他的固定常客。小汪十分感激女士为自己提供了长途载客的固定客源，女士说这没什么，他是她见过的最体贴的司机，相信同事们搭他的车旅途一定会愉快的。接着她便提起了那瓶矿泉水的经历："我以前打车也中途托司机买过矿泉水，不过他是收费的，虽然只是区区两块钱而已，不过其实也能反映实质性问题，慷慨的人是不会斤斤计较的，我觉得你就是这样的人，所以把同事全都介绍给了你，免得他们再跟别的司机为了三两块钱讨价还价。"

小汪只是让渡了一些零头小利，居然得到了改变一生命运的契机，由一个没有固定客源的普通计程车司机变成了一个客源滚滚、收入固定的金牌司机。由此可见平时多付出一些，少些计较，往往能收获更多物超所值的东西。在生活中，我们常看到一些商家主动给客户抹零或者多给予其一些优惠，鼓励对方多消费，这是一种比较普遍的促销策略，这种营销方式确实帮助商家赚来了不少利润。而有的商家无论对待新顾客还是老顾客都一视同仁，连一毛钱都要斤斤计较，这样的商家客源定然是要流失的。这说明越爱计较失去越多得到越少，越不计较收获越多损失越小。

道理是显而易见的，但在现实生活中为什么有的人会那么计较蝇头小利却对更巨大更长远的利益视而不见呢？这是因为计较是人性普遍的弱点，很多人都认为精打细算能让自己获利更多，殊不知算得愈细收获愈少，有时候做人还是粗犷一些好，锱铢必较的人未来的道路势必越走越窄，他们只能在短期内得到一点小利，且全是以牺牲长远利益为代价的，这样的人注定是不会有大发展的。

## 珍惜拥有的，不看没有的

每个人都对幸福生活抱有很高的期待，但人们常犯的错误是，对拥有的东西视而不见，对得不到的东西朝思暮想、念念不忘，仿佛幸福的全部意义就在于追求那些我们追求不到的东西。有时候我们丝毫感觉不到幸福的存在，不是因为我们拥有得太少，而是因为我们身在福中不知福，对所得的福气太过麻木了，就好像浸在蜜罐里尝不出甜的滋味一样。

现在的年轻人物质充足，选择也多，所以不加珍惜，新款手机刚买了一个月，就想着换更好的，不停地让手机更新换代，觉得无论什么东西都没有最好只有更好，对拥有的东西一点也不在意，养成了一种不良习气。不少青年只关注自己没有的，看不到自己拥有的宝贵的东西，所以越来越不幸福。

但是，这些青年从来没有关注过人生最值得珍惜的东西，那就是一去不复返的青春时光。是的，不是别人有的东西你全都没有，而是你看不到自己拥有的东西，总是盯着得不到的东西，如此一来自然会觉得自己幸福贫乏了。

有一个患有严重脑麻痹症的女子，不仅不能控制自己的肢体，而且失去了最基本的语言表达能力，她的手脚经常不受控制地乱动，讲话时含混不清，样子怪异得很，这样的人在别人眼里算是高度残疾了，她连生活自理都困难，更谈不上拥有前途和幸福了。可是这个病弱的女孩却从来都没有放弃过，她用顽强的意志力克服了身体上的缺陷，不仅掌握了绘画的技巧，还通过刻苦学习获得了美国加州大学的艺术博士学位，而且还成了一名十分活跃的演讲家，经常到各地以嘴代笔进行演讲，所以又被人形象地称为"写讲家"。

有一次在演讲的现场，一位学生忽然问："你从小就是这个样子，你觉得命运对你公平吗？你从来就没有怨恨过人生吗？"虽然这名女子以身残志坚著称，不过这样的问题直指人心，未免也太尖刻了些，在场的听众都担心她听后会感到难过，自尊心会被狠狠地刺伤，没想到她依旧面不改色，而后微笑着转过身，在黑板上写下了以下几句话："一、我很可爱；二、我的腿很长很美；三、爸爸妈妈那么爱我；四、我会画画，我会定稿；五、我有一只可爱的猫……"最后一句话是"我只看我所有的，不看我所没有的！"

世上有多少人能像这位坚强的女士那样在面对残缺的人生时，毅然能镇定地写下这样的幸福宣言呢？反观自己，你所拥有的难道比这位女士少吗？答案当然是否定的。生活中，我们总是过于计较自己缺失的部分，看不到眼前的幸福。常常认为自己被命运亏待，别人拥有的东西自己全都没有，殊不知自己拥有的东西，别人未必拥有。

我们极容易被表面现象所迷惑，被别人春风得意的一面震惊得瞠目结舌，被别人光鲜靓丽的一面所征服，对比自己，就觉得自惭形秽，仿佛自己是一个两手空空的可怜虫。殊不知别人风光的背后潜藏着多少辛酸和无奈，殊不知你羡慕的人也有可能羡慕你。不要再去追求自己伸手触不到的星辉，而要时刻留意脚下，也许幸福就在路畔守候着你，也许你不再强求和奢望你得不到的东西，学会珍惜现有的一切，你伸出手就能摸到幸福的天花板。

# 第九章

## 坚持是人生永不败北的杀手锏

心中有了格局以后，最重要的是朝着格局的目标努力奋斗，但只有奋斗精神是不够的，谁能坚持到最后谁才会成为最后的赢家。想要把高远的目标转化成美好的现实，必须要有一股矢志不渝的坚持精神。法国的巴斯德曾经说过："告诉你使我达到目标的奥秘吧，我唯一的力量就是我的坚持精神。"可见，坚持是人生永不败北的杀手锏，成大事者不在力量大小，而在于能否坚持持久。

人世间最容易做到的是坚持，最难做到的也是坚持。认为它容易做到是因为如果愿意，人人都能做到，认为它难做到是因为即使是最简单的事能坚持到最后的只是少数人。坚持，需要有骆驼般的坚忍，需要耐得住寂寞，禁得起诱惑，耐心地走完全程，无论前面有多少艰难险阻，也无论受到多少质疑和嘲笑，只要心中热爱，便会义无反顾地昂然前行，直到顺利抵达目的地，如此执着，又怎能不成功呢？

## 奋斗路上，要有骆驼般的坚忍

骆驼一直被视为最有耐力的动物，因此它才被称为"沙漠之舟"。据说它在烈日的烤晒下，可以在茫茫大漠里连续行走二十多天，即使没有充足的食物和水源，负重200公斤，它也能连续奔走数日。骆驼的坚韧着实令人感叹。有位哲人说过，骆驼身上有两种可贵的精神：一是坚定不可动摇的信念，无论路途有多么遥远，它始终相信只要穿越茫茫大漠，就能找到绿洲，对此它从来没有怀疑过；二是不达目的不罢休的坚持精神，只要没有到达目的地，它就不会停下来，真可谓是生命不止、跋涉不息。

在奋斗的道路上，我们当中有几个人能像骆驼那样坚持和坚韧，又有几人能像骆驼那样勇于接受生命的挑战？我们常羡慕白领和金领们光鲜的生活和年薪十几万乃至几十万的丰厚待遇，却不曾想过他们在成功之前，也曾像骆驼那样走过一条极为漫长的道路，其中的艰辛苦涩、委屈痛苦都是少有人知道的，幸运的是无论多苦多难，他们认准了方向，就一步一步地坚持走下来了，所以才有了今天辉煌的成就。

其实成功的道路上并不拥挤，因为能坚持到终点的人并不多。奋斗是一个艰辛的过程，既考验人的体能，又考验人的心理，意志力不强的人往往会在最初的环节惨遭淘汰。剩下的人会因为恐惧、疲累、丧失信心等各种原因退出。被淘汰的人越来越多，继续前行的人越来越少，只有少数心如磐石、坚忍不拔、百折不回的人坚持走到了终点，成为了最后的优胜者。

晓梅来自一个偏远的小镇，初到大城市求学看什么都格外新鲜。

在学习计算机课程之前，她连电脑键盘都没摸过，所以操作起来显得笨手笨脚，为了缩小和同学的差距，她整整花费了半年时间在学校的机房里练习如何操作电脑。虽然计算机课程勉强过关了，但是她觉得自己和同龄人还是相差很多，比如她没有任何特长，既不会画画，也不会演奏任何一种乐器，第一次和同学到大商场闲逛，竟像刘姥姥进入了大观园，她从来没有见过那么多琳琅满目的商品。

回来的路上，一个偶然的机会，晓梅认识了一位外表干练成熟的女老板，女老板说她也有过一段苦涩的时光，刚刚走向社会时，她在工厂里做了两年苦工，每天累得精疲力竭，工资只有两千多元，她只留下了少量的生活费，其余的钱全部寄到了家里。后来妹妹要上大学，为了给妹妹筹集学费，她辞掉了工厂里的工作，开始自己琢磨着做小生意，她在早市上卖过油条、豆腐脑，在夜市上卖过小商品和各种生活用品，整天忙得不可开交，勉强为妹妹凑足了学费。有一天她看到了一个跟自己同龄的女孩，那个女孩穿着灰色的职业套装，显得非常优雅，她又看了看自己沾满油渍的围裙，顿时感到自惭形秽，那一刻她暗暗发誓，一定变成像对方那类的人。她不甘心永远做一个每天要经历风吹日晒雨淋的小贩，攒足了本钱以后，她开启了更为艰辛的奋斗生涯。

"从创业到现在，转眼18年过去了，在这18年里，我经历过两次破产，现在公司总算走上了正轨，效益也越来越好了。一天，我又碰到了那个穿灰色职业套装的女孩，就忍不住走过去跟她搭讪起来，她从来没有想过自己也能成为被崇拜的对象，因为自始至终她不过只是一个普通的职员，现在仍然扮演着同样的角色。我跟她说起了自己的经历，她感慨地说能真正成功的永远都是少数人，她不相信自己会成为其中之一。我说坚持到最后也许你就能成为少数人之一，96%以上的人会因为忍受不了过程的艰辛而选择中途放弃，如果你是最后一个剩下的人，那么无疑就成为了最后的赢家。"女老板语气平静地述说着曾经的过往，就仿佛在陈述别人的故事一样。

晓梅听了女老板的故事后，受到了很大的鼓舞。毕业之后她经历了很多挫折，每次想要放弃的时候，耳边都会想起女老板的话语，于是她发誓一定要让自己变得坚韧起来，一定要成为那个坚持到最后的人。苦苦奋斗八年以后，晓梅成为了办公大楼里的一名高级白领，回想过往，她对那位女老板心中充满了感激，她不敢想象如果当初自己放弃了人生会变得怎样，好在她一路坚持下来了，就像一头倔强的骆驼一样，穿越茫茫戈壁之后，终于发现了绿洲。

奋斗的路上需要坚韧和坚持，无论前方有多么遥远，也无论前路有多么不明朗，只要你对美好的生活有所期待，就要咬紧牙关，坚持跌跌撞撞一路向前，像沙漠里的骆驼那样勇于负重前行，只有这样，你人生的格局才能打开，也只有这样你才能成为最后的赢家。

## 寂寞是培育成功的沃土

著名作家刘墉曾经说过："年轻人要过一段潜水艇似的生活，先短暂隐形，找寻目标，耐住寂寞，积蓄能量，日后方能毫无所惧，成功地浮出水面。"意思是在建立功业以前，我们必须耐得住寂寞，在寂寞中慢慢积攒自己的力量，这样才能日后有一鸣惊人的表现。其实任何一种形式的成功都是一个厚积薄发、水到渠成的过程，成功从来就只属于耐得住寂寞、坚持到最后的人，没有咬定青山不放松的韧劲是什么也做不成的。

寂寞考验人的耐性，但是也非常磨炼人。能像潜艇一样在水下遁形的人，等到石破天惊冲出水面的刹那，必然是雷霆万钧、震惊四座的。寂寞是人生之中不可或缺的元素，对于年轻人来说尤其如此，打拼的岁月是无比寂寞的，在那段时期，没有鲜花、没有掌声，冷板凳一坐就是一两年，如果耐不住寂寞，恐怕坚持不了多久就放弃了。很多年轻人是耐不住寂寞的，今天做房地产，明天卖化妆品，后天又推销起了理财产品，每份工作的职业寿命都不会超过半年，在一个行业里打拼的时间最多也不会超过两年。这样的人要想有所建树几乎是不可能的，因为他们总是在让自己归零。

年轻人如果在一个行业做不出成绩，会对工作丧失兴趣，内心通常感到无比寂寞空虚，频繁转换行业无非是想要找一些新鲜刺激的东西充实自己，可是再新鲜的东西也终有让人感到厌倦的一天，寂寞的感觉还是会如影随形地跟着你。不要把寂寞当成一种折磨，它只是人必经的一个过程罢了，只要你能战胜自己，寂寞便不会成为你生命里的死灰，而会成为培育成功的沃土。超越寂寞，铁树也能开出娇艳的花朵；踏着寂寞之路前行，沿路撒下希望的种子，再贫瘠的土地也能长出一片绿茵。寂寞并不可怕，可怕的是我们没有勇气在寂寞中坚持，只要我们在落寞中默默坚持了下来，就一定能看到平淡至极后的绚烂。

刘珊第一份工作是在商场做导购，每天都要整理货品，还要面对挑剔的顾客，一天要站 12 个小时，还必须穿高跟鞋，其辛苦程度便可想而知了。晚上下班后，刘珊的小腿又僵又麻，连做晚饭的兴致都没有，通常是随便找一家小餐馆，点一样还算便宜的菜，便草草了事。转眼半年过去了，刘珊一如既往地过着千篇一律的生活，她看不出自己的未来会和今天有什么不同，也觉得自己在这个岗位上干不出什么成绩，便产生了辞职的想法。可是辞职以后第二份工作做什么，刘珊心里一点想法都没有，思来想去找不到出路，她只好硬着头皮继续干下去了。

一年以后,人事部通知刘珊提交一些表格和资料,通知她她已经被提拔为店长了。欣喜之余,刘珊不禁感慨万端,原来她的用心和努力领导一直看在眼里,在那段寂寞的日子里她一度以为自己已经被全世界的人遗忘,但事实并非如此。她很庆幸自己当初没有冲动离开,当上店长以后,她信心十足,工作起来更加卖力了。根据自己的实战经验,她总结出了很多提升货品销量和改善店铺运营的策略,在她的精心管理下,店铺的发展越来越好,几年之后她被提拔为区域经理。在做区域经理的日子,她每天都过得充实而忙碌,她一边忙着打开区域市场,一边忙着开设新的店铺。在紧张忙碌之余,她又给自己制定了新的目标,那便是在35岁之前一定要做到区域总监的位置。33岁那年她实现了这个目标。

有一天刘珊偶然碰到了以前的同事小张,小张比她来公司还早两年,但是就在她工作刚满一年时小张辞职离开了。两人客气地寒暄了一会儿,聊起了各自的生活和工作。"这些年来你都在做什么?"刘珊问。小张回答说:"还能做什么?工作换了好几份,公司换了好几家,什么也没干成,现在在商场卖时装。""你为什么就不能坚持一下呢?"刘珊惋惜地说。"我和你不一样,我耐不住寂寞呀。"小张说,"不过我真心为你感到高兴。自从见到你那天我就知道你不会永远当导购,你身上有股别人没有的精神,所以你注定比别人走得远,现在想来,我果然没有看错。"

朋友,如果你现在感到寂寞难耐,那么恭喜你,因为你正在接受人生中的一次非常重要的考验,假如你成功通过了,未来的道路就会越来越宽广;假如你放弃了,那么下半生可能都会在无休止的空虚和无聊中度过。只有忍得了一时寂寞,努力充实自己,你才能冲破平淡和寂寞,为自己赢得闪亮的人生。寂寞只是关卡,它不是一种永恒的状态,寂寞时提醒自己要坚守到最后一秒,也许下一秒就是奇迹的开始。

# 抵制诱惑，成为最后的赢家

在这个喧嚣浮躁的时代，诱惑无处不在。美酒咖啡是一种诱惑，香车豪宅是一种诱惑，名利场是一种诱惑，纵情享乐也是一种诱惑。面对诱惑，一部分人没有招架之力，于是照单全收，自愿被欲望吞没，结果不是自毁前程，就是走向了堕落。但是另一部分人抵制住了眼前的诱惑，他们毅然拒绝了一个表面繁花似锦实则光怪陆离的世界，故而脱离了低级趣味，走向了成功。

马云曾经说过："人要在诱惑面前学会说不，贪婪一定会付出代价。"人生悲剧不在于你输得有多么彻底多么狼狈，而在于你差点赢了，在关键时刻却败给了诱惑，因为没有坚持下去留下了终生遗憾。成功最大的障碍不是不可抗拒的阻力，也不是不可战胜的困难，而是赤裸裸的人性欲望。能否在诱惑面前保持冷静的头脑，是一个人能否有所成就的关键所在。把持不了自己，诱惑就会像决堤的洪水一样淹没你的心灵家园，让你的灵魂从此流离失所。

拒绝诱惑并不是一件容易的事，所以，成功的人生都是从拒绝诱惑开始的，抵抗不了眼前的诱惑，未来的格局便有可能坍塌陷落。想要撑起未来的一片天，就必须拒绝眼前的奢靡、苟且和浮华，唯有如此，你才能成为最后的赢家。

20世纪60年代，米歇尔教授曾经在幼儿园做过一项非常有趣的心理学实验。他让一群3~5岁的孩子走进一个房间里，然后给每个孩子发放一颗他们最爱吃的棉花糖，并告诉他们如果谁能等到15分钟之后再吃糖，就会得到另外一颗棉花糖作为奖励。房门关闭几秒钟后，有的小朋友忍受不了美味的诱惑，马上把棉花糖塞进嘴里，津津有味地大嚼起来，吃完之后还意犹未尽地舔着嘴巴。有些孩子表现得稍好一些，他们没有马上把糖吞咽下去，只想伸出舌头舔舔，舔了几下之后忍不住咬了一小口，接着又咬下了大半边，心想反正半颗糖已经吃掉了，再留一半又有什么意义呢？于是就把剩下的棉花糖也吞下肚了。

只有几个孩子表现出了高度的制止力，有的索性闭上眼睛，眼不见心为净。有的开始大声唱歌，有的在踢桌子，他们用各种方法来转移自己的注意力，有个孩子还当场打起了盹，险些睡着了。棉花糖的香甜气息引诱着他们的鼻子，事实上，他们只要深吸一口气，就会馋得直流口水，所以短短的15分钟，对这些天真馋嘴的孩子来说就像一个世纪那么漫长。尽管如此，他们还是抵御住了诱惑，成功克制住了自己，因此赢得了另外一颗美味无比的棉花糖。

米歇尔教授后来对这些参与过棉花糖实验的孩子进行过长期跟踪，发现那些能够成功抵御诱惑的孩子，在日后的学习和工作中都表现得非常出色，他们专注、认真、有毅力，各方面都比那些吃掉棉花糖的孩子优秀。看来一颗小小的棉花糖测试的不只是孩子们意志力的强弱，还从另一个角度上挖掘了部分孩子身上所具有的潜质。

为什么棉花糖的实验具有这么精准的预测力？那是因为在孩子眼里，棉花糖就代表了最大的诱惑。在成年人的世界里，棉花糖可以被各种各样的事物替代，我们所面对的诱惑，远非一颗棉花糖可比。诱惑就像撒旦，无时无刻不在蛊惑意志力孱弱的人，我们必须摆脱它，坚持自己的人生理想，唯有如此，我们才能摆脱醉生梦死的虚无生活，营建起更有意义的人生。

# 奇迹的诞生在于永不放弃

有人说：生命真正的奇迹，在于永不放弃。胡杨林枯而千年不死，死而千年不倒，用不屈的灵魂演绎出了世间最悲壮的生命赞歌；雄鹰可以一飞冲天，瞬间达到金字塔塔顶，蜗牛爬行速度缓慢，每分钟只能爬 0.142 米，但是它有一股坚持到底的韧劲，所以成为了除了雄鹰以外第二个能到达金字塔塔顶的动物，世上比它爬得快的动物比比皆是，可是最后到达的高度却不足以与它同日而语。

生态系统中的强者都有一个共同的特点，那便是它们皆有一种永不放弃的精神。人也一样，只要你不肯放弃，世上就没有任何力量能将你打败。英国首相丘吉尔曾经说过："成功根本就没有秘诀，如果有的话，就只有两个：一是坚持到底，永不放弃；二是你想放弃的时候，请回过头来再参照第一个秘诀去做。"人生就像一场马拉松，每跑一公里都是对你的考验，你可能因为成绩不理想，想要中途放弃，不愿为一次没有胜算的比赛付出太多，你也可能因为太过疲倦，想要中途退场，或者是因为跌倒了之后再没有站起来的勇气抑或是因为前进的道路上太过孤独，坚持不到最后的时刻。

一个人想要放弃的时候，总会有千百种理由，但一个人想要坚持的时候，却不需要任何理由，即使听不到任何人的喝彩，即使最终未必能赢得奖牌，坚持到最后本身就属于一种胜利，成为不了冠军，你依然是当之无愧的无冕之王。任何领域里的顶级人物，未必是该行业里最优秀的，但一定是这个行业里坚持最久的，更优秀的人可能因为各种各样的原因改行了，而这些人却在别人纷纷放弃的时候选择了坚持，所以成为了大浪淘沙后留下的黄金。

初出茅庐时，你也许不具备任何优势，身上也没有什么特别的闪光点，一次次碰壁，一次次被拒之门外，完全看不到希望。面对这种情况，千万不能轻易放弃，因为如果你放弃了世界，世界就会放弃你，毕竟作为一个普通人，你并不会受到命运额外的眷顾。无论前路有多么艰难，一定要咬牙坚持下去，只要世界末日没有降临，就不轻言放弃，坚持到最后一刻，你必能等来意外的惊喜。

有一个出身寒微的年轻人到一家电气工厂求职，因为口袋里没有钱，他买不起像样的行头，穿着一身寒酸的旧衣服就去面试了。人事部主管见他衣着邋遢、身材瘦小，便不打算雇佣他，于是便随口说："我们这里现在暂时不缺人，一个月以后，你再过来看看吧。"这本来就是一个委婉拒绝的托词，主管也只是随口说说罢了，并不打算再次见到他。可是令人料想不到的是，一个月以后，那个年轻人居然又出现在了他面前。

主管颇为无奈，只好又找借口说："我现在有事要处理，你过几天再来吧。"他原本以为那位应聘者一定已经明白自己的意思了，以后不会纠缠了。谁知隔了几天，年轻人又来了。此后主管又找出了各种冠冕堂皇的借口推脱，把约见的日期一拖再拖，可那位年轻人始终不肯放弃，每次都如约来见。最后主管被逼得没有办法了，只好直接表明自己的态度："你的衣服太脏了，不适合在我们这里工作。"

年轻人回去后借钱买了一身干净整洁的衣服，再次来到电器工厂面试。主管又找借口说："你不了解电器方面的知识，我们不能聘用你。"他以为这将是两个人最后一次谈话。万万料想不到的是，两个月后年轻人又来了，这名屡遭拒绝的求职者语气诚恳地说："在这两个里，我学到了不少有关电器方面的知识。您看我还有哪些方面不符合贵公司的要求，您一一指出来，我逐项弥补。"面对这个如此倔强的年轻人，主管被打动了，他沉吟了半天才说："我在这行里做了几十年了，从来没有遇到过像你这样找工作的。我真的很佩服你那份难得的耐心和永不放弃的韧性。"年轻人凭借着这股不放弃的精神感动了主管，得到了自己梦寐以求的工作。后来他创建了享誉全球的电器品牌，他就是松下电器的创始人松下幸之助。

我们常听人说：坚持到最后就是胜利，坚持到最后就能创造奇迹。热血激昂地喊喊口号是很容易的，然而实践起来却没有那么简单。顺境中坚持可以不费吹灰之力，然而最为难得的却是逆境中的坚持；在期许和鼓励时坚持走自己的路是没有任何难度的，所以最为难得的是在遭到众人反对和非议时，还能一如既往地坚持；受到支持和提携时坚持不过是一件顺理成章的事，所以最为难得是孤立无援的时候还能傻傻地坚持。

在人生最为艰难的时刻，你坚持下来了，日后遇到再崎岖的道路也不会胆怯了。打破了最难打破的格局，以后的人生格局就全凭你自己掌控了，只要你自己不肯放弃，就没有任何人可以将你击倒，即使成为不了王者，你也能成为一个让自己自豪的人，如果能做到这一点，人生也就没有什么遗憾了。

## 耐心等待迟来的春天

有句很诗意又极为耐人寻味的格言："冬天来了，春天还会远吗?"可是每次春天姗姗来迟，人们都会急不可待，说明谁也不愿经历漫长的等待和忍耐，同时又感到无可奈何。人生的严冬是难熬的，谁不期盼快点度过空泛严酷的岁月，早点看到春暖花开的迹象？可是等待是一个必然的过程，没有耐心等待，你一生都不会有收获的。有句箴言说得好："在人生的道路上，如果你没有耐心等待成功的到来，那么，你只好用一生的耐心去面对失败。"

每个成功者在迎来事业的春天之前，都有过一段低沉苦闷的日子，可是无论生活怎么残酷，他们的内心始终向往灿烂美好的事物，在别人失望、绝望的时候，他们坚持下来了，所以他们成为了最后的胜利者。所谓的逆境，其实不过是造物主淘汰竞争者的一种方式，你觉得苦闷难熬的时候，别人也有相同的感受，你坚持得很辛苦，别人也一样。千万不要在别人满怀希望继续等待的时候提前放弃，因为那么做，你就会成为首先被淘汰出局的人。等到大部分人都已经失去耐性，失去信心，甘愿退出的时候，如果你依然拥有超常的耐心，那么你就极有可能在最后的环节胜出。

奋斗是一个漫长的过程，谁都有低谷期和蛰伏期，少有人可以跨越这一阶段，直奔辉煌的终点。蛰伏是人生中的必经阶段，在这段时期，最重要的就是蓄积力量，默默忍耐，耐心等待惊蛰的一刻。常言道"伏久者，飞必高"。即使是"绝云气，背青天"的大鹏鸟凌风而起前也有一段蛰伏期，它由鲲化身为鹏，耐心地等待着 6 月的飓风，然后御风而行，"扶摇直上九万里"。人亦如此，无论一个人有多么优秀，也不可能一步登天，爆发前必有一段难熬的蛰伏期，只有经历过蛰伏，爆发起来才能更迅猛更有力量。蛰伏并不意味着毫无作为，它是我们修炼内功和基本功的时候，就像动物在冬眠时要积累脂肪一样，我们也要经历这一时段尽可能地为自己积攒更多的能量，这样日后我们才有可能绽放出更耀眼的光芒。

任何人想要在一个领域出人头地都需要花费数年的时间，所以我们首先要修炼自己的耐力和耐心。拼搏是一个过程，而不是一个结果，我们要学会享受和品味其中的过程，不要急于寻求结果。人生中的艰难苦涩会使我们的人生更有厚味，也会让我们对来之不易的东西倍加珍惜，所以我们没有必要回避这样一个过程。人们常说："不经历风雨怎么见彩虹。"同样的道理，不经历严冬的酷寒，我们又怎能感知到春天的温暖呢？可见所有的经历都是一种恩赐，我们只要顺其自然便好了，所有的苦痛和折磨都会成为过去。

赵航是一名名牌大学的毕业生，像许多名校毕业的天之骄子一样，刚出校门时，他的身上有一股不加掩饰的优越感，不甘心做一些平淡无奇的工作，每次求职都直截了当地告诉面试官，他必须直接进入管理层，人生有限，他不想在基层多浪费一分钟。有一天他收到了一家大型商贸公司的面试通知，见到面试官以后，他简单地做了一下自我介绍，然后满怀信心地说："我认为我完全能胜任经理一职，虽然我在这方面没有相关经验，但我的学习能力是很强的，只要贵公司给我一次机会，我绝对不会让您失望的。"

面试官摇了摇头："企业不是学校，是让你来工作的，不是让你来学习的。在能力和岗位不相匹配前，你最好实际一些，等到自己有了足够的实力，再挑战更高的位置。""可是我等不及呀，我现在已经二十多岁了，现在我不趁早出人头地，以后怎么还会有机会呢？"赵航皱着眉头说。面试官说："任何事物在成熟成长期，都有一个必经阶段。蝴蝶在舒展翅膀之前，不过只是一只虫子，它必须静静地待在茧里，时机成熟时才能破茧而出。蝉蛹要在黑暗的地下苦熬17年才能重见天日。一个人想要出人头地，必须要经历类似的考验。你想把所有的过程省略，马上飞黄腾达、一步登天是不可能的。任何一个成功者都没有这样的本事。"赵航明白了面试官的意思，开始思考如何为自己找一个更合适的岗位。

等待对每个人来说，并非是毫无意义的，它可以让你花时间丰满自己的羽翼，也可以给你更多的沉淀和思考时间。等待也是一种坚守，只要我们有足够的耐性，早晚有一天会把春天盼来等来的。人生没有永久的严冬，蛰伏只是暂时的，只要你相信迟来的春天一定会到来，那么信念就会在你的努力下转化成现实。

## 自己选择的路，一定要走完全程

在回顾自己的奋斗历程时，刘同曾经不无感慨地说："所谓的坚持，不是四处寻求安慰后的坚持，不是需求鼓励后的坚持，不是被人说服后的坚持。而是无论如何，牙碎自己吞，流泪自己擦，摔了站起来继续走。真正的坚持，和别人永远发生不了关系，全靠自己每日擦拭。不要逢人便说：请鼓励我，我会坚持下去的。那不是坚持，是乞讨。"

是的，坚持是一场孤独的朝圣，人生之中总有一段路是需要自己默默走下去的，如果路上有志同道合的伙伴，有欢声笑语，当然很好，如果没有，你依然要继续寂寞地前行。坚持走自己的路，说来容易，做起来却很难。一个人吃饭、一个人购物、一个人旅行，或许都是一种享受，也是一种别样的体验，可是一个人奋斗感觉就完全不同了。那种感觉就好像荒野中的孤独的狼，受伤了只能自己默默舔舐伤口，悲伤时只能独自饮泣，既要跟残酷的命运较量，还要忍受那种失群的落寞和不被理解的忧伤。但是这条路终归是自己选的，既然如此，那就一定要坚持走完全程。

黎明破晓前，必然要经历漫长到足以令人窒息的黑夜；很多成功者在获得荣耀之前，都有过狼狈的时刻、心酸的过往，甚至曾经一度被别人看不起；欢呼和掌声到来之前，你最为熟悉的可能是别人的冷眼和冷脸……总有那么一刻你觉得自己再也支撑不下去了，想过要就此放弃，之后又因为各种各样的原因坚持下去了，结果便闯出了属于自己的道路，这就是执着带给你的最高犒赏。

小菊毕业之后并没有听从父母的安排，她既没有报考公务员，也没有考取教师资格证，而是选择了只身前往北京发展。出发之前，她踌躇满志，把北京想象成了梦想的天堂，一心想要在那里找到自己的一席之地，甚至幻想扎根北京，和这座古老而又富有现代气息的名城同命运共呼吸。

虽然已经顺利拿下了英语专八证书，但口语仍然是小菊的软肋，因为这个原因，面试时她没少吃闭门羹。跨国公司和外资企业门槛太高，即使她接到了面试通知，每次面试都做了精心的准备，仍然是在第一轮测试时就被淘汰了。有的面试官问过其他问题之后，还加了一句："你没有经过专门的口语训练吧？"小菊摇摇头，顿时觉得无地自容。

渐渐地小菊意识到，为了找到理想的工作，自己必须抓紧时间充电，于是就想报一个英语口语班学习。可是她身上只剩下了一千多块钱，连维持正常的生活都成了问题，哪有多余的钱交学费呢？她不好意思跟父母求助，父母自始至终都反对她到北京发展，她如果开口求援，他们一定会借此机会劝她打道回府。想来想去，她只好向同学借钱了。同学家境优越，出手很大方，毫不犹豫地借给了她一笔"巨款"。她再三保证说："我会尽快还给你的。"同学却语气轻松地说："不急，你什么时候有钱了什么时候再还，我绝不会向黄世仁催杨白劳那样催你，你也不要太有压力。"小菊点点头，感动得差点落泪。

学费有了着落，小菊为了支付日常开销，不得不半工半读，每天八小时时间花费在培训班学习上，两个小时花费在交通往返，另外两小时花费在各种兼职上。地铁涨价以后，她一直在坐公交。北京的冬天风很大，吹到身上冷飕飕的，尽管穿得很厚，小菊在站牌前等车的时候还是冻得牙齿打战。遇到晚高峰堵车的时候，回去的路便在无形中加长了。

她记得中考那年，班主任告诉她，她是这届普通班中唯一一个有希望考上重点高中的；考上重点高中以后，所有老师都看好她，认为她能考上国家重点大学。她确实不负众望考上了重点大学，可步入社会才知道，根本就没有人在乎她在校时考试考过多少分，一切都要从零开始。如果当初她听从了父母的建议，也许已经成了家乡的一名端着铁饭碗的公务员，工作之余看看报纸喝喝茶水，悠闲得就像闲云野鹤；也许正在当地的小学教书，带着一群孩子诵读英语字母。无论如何，不会像现在这样受苦。然而既然选择了这条路，就不能回头了。小菊意识到除了坚定不移地走下去，自己已经别无选择。

若干年后，小菊成了一家大型跨国企业的高级白领，终于过上了自己想要的生活。成功以前，她一个人默默哭泣过无数次，交不起房租的时候哭过，不小心弄丢了100块钱时哭过，朋友过生日时拿不出买礼物的钱她又哭了一场。好在这一切她都咬牙挺过来了，现在她已经练就了强大的内心，早已学会了用微笑代替眼泪。

但丁说："走自己的路，让别人说去吧。"其实真正考验我们的并不是别人的非议，而是前进道路上，那种用自己的左手温暖右手的孤独。成败是我们自己的事，欢笑和泪水也是我们自己的事，除了擦干泪水自己站起来，坚强地面对人生以外，我们别无选择。但正是这种炼狱般的考验成就了我们自己，让我们蜕变成了一个更刚强更坚忍更美好的人。

# 功利不能成就你的，热爱可以

有些人每天工作的时间超过 12 个小时，但却不知疲倦、乐在其中，而另外一些人花在办公上的时间不过八小时而已，却天天喊累，这是为什么呢？最大的原因恐怕就在于前者从事的是自己热爱的职业，而后者却被迫做着自己讨厌的工作。相对论告诉我们，人在愉快的时候，会觉得时间过得飞快，而痛苦的时候便觉得时间过得无比缓慢，所以一个人在做自己喜欢做的事情时，坚持 12 个小时以上，仍然不觉得煎熬，而被逼迫着做某事时即使只干了很短的时间，也会觉得难以坚持。

想要让自己坚持得更久，想要坚持走到胜利的终点，最有效的方法就是勇于选择自己热爱的职业。可是在现实生活中只有极少数人做出了这样的选择，所以在名利双收的同时又拥有幸福生活的人并不多。人们为什么要放弃自己热爱的东西，被迫从事自己厌恶的工作呢？其中功利二字起了决定性的作用。在功利的蛊惑下，人们甘愿背离自己的内心，强迫自己从事让自己痛恨至极的苦役，结果搞得自己身心疲惫，再也没有多余的力气去拼搏奋斗了。这样的人真正走向成功的寥寥无几，偶有几个个案也基本活得不幸福，表面风光无限，内心却充满挣扎，这样的成功本身已经不具有任何意义。

功利不能成就你的，热爱可以。如果你宁肯倒贴时间和金钱也愿意从事某件事情，那么你必然能在这件事情上获得成功。因为一颗热爱的心，就是你奋斗路上取之不竭用之不尽的动力。你真心热爱某种事物，就不会把它当成粗制滥造的流行快餐，也不会急着把它兑换成名利和钞票，而会踏踏实实地把事情做到最好，这才是成功的关键所在。

歌德耗费几十年心血写出了鸿篇巨著《浮士德》，终成一代文学大师，他的影响力和文学造诣是那些"著作等身"的"高产"作家永远望尘莫及的；詹姆斯·卡梅隆十年磨一剑，拍出了全球最卖座的 3D 电影《阿凡达》，向全世界展示了全新的电影技术和电影艺术，那些渴望捞快钱几个月就草草拍出一部影视作品的从业者又焉能与其抗衡？在这个急功近利的时代，功利未必会成就你的，它所能给你的仅仅是一点甜头而已，为了这点甜头你可能要吃大半生的苦头。真正能成就你的，唯有你对某件事情纯粹的发自内心的热爱。做你一辈子最想做的事，你成功的概率就会更高。

冯向东出生在一个医学世家，父母期望他也能成为一个好医生，一来可以子承父业，二来可以成为名医，跻身到名流之列。在父母眼里，医生待遇高，又受人尊敬，如果成为专家，必将前途无量。冯向东被他们说服了，于是就报了医科大学。他没想到自己会在这个领域一待就是 15 年。

在这漫长的 15 年里，除了辛苦和疲惫之外，他几乎没有一点愉悦的感受。每次坚持不下去的时候，脑海里就会响起父母的话："吃得苦中苦，方为人上人。"他确实吃了不少苦，求学时皱着眉头苦啃大部头的医学书籍，工作以后经常上夜班，经常躺在床上累得睡不着觉，可是即使这样努力，他还是没有成为父母口中的"人上人"，充其量只算得上是一名普通的医务工作者罢了。

35 岁那年他迷上了心理学，千方百计地抽出时间研究这门学问。虽然心理学书籍大多也是大部头，但在他眼里里面的内容要有趣得多，不像医学知识那样枯燥乏味，所以即便他读完了一本又一本专业书，仍然不感到疲倦和厌烦。对心理学的热爱，让他找到了自己多年痛苦的根源，以前他是把奋斗的目标和功名利禄紧密结合起来，严重违背了自己的心愿，一味逼迫自己从事自己不喜欢的职业，所以才会觉得工作是如此辛苦。现在他终于找到了自己喜欢的事情，所以心情才如此愉悦。

有了这个发现之后，他不顾父母的反对，毅然决然地辞掉了工作，一门心思扎进了心理学的研究中。后来他成为了一名出色的心理医生，为无数的患者解除了情感和精神方面的困扰，在业界也有了良好的口碑。最重要的是他现在每天都心情愉快，再也不用整天愁眉苦脸地逼自己为不热爱的事情奋斗了。

你真心热爱一件事情，就会义无反顾、无怨无悔地坚持下去，不会计较得与失、荣与辱，也不会把功利二字太过放在心上，只会心无旁骛地努力奋斗下去，这样做事怎么可能不成功呢？